各向异性介质中的耗散波

——基于频散方程求解的波动特性研究

Dissipative Waves in Anisotropic Media

Investigation on Wave Characteristics Based on Solving Dispersion Equations

钱征华 朱 峰 李 鹏 著

科 学 出 版 社

北 京

内 容 简 介

频散方程的计算，特别是涉及能量耗散系统复波数域中三维曲线的求解，是一个十分复杂的问题。本书提出了一种新的超越方程求解算法，结合超声导波的应用背景，以该算法为基础，系统研究了多种复杂材料层合结构中波传播的耗散问题，包括压电复合结构中的介电损耗、电极电阻、压电半导体结构中的载流子迁移以及一般各向异性复合结构中材料的黏弹性等引起的能量损耗。

本书的读者对象为具有理工科专业背景的研究生及以上学历的科研人员，需要具有一定的专业基础知识，包括弹性力学、连续介质性力学、弹性波动理论、压电理论等，也需要有一定的计算软件编程及使用基础知识，如 MATLAB、COMSOL 等。

图书在版编目(CIP)数据

各向异性介质中的耗散波：基于频散方程求解的波动特性研究/钱征华，朱峰，李鹏著. —北京：科学出版社，2021.11

ISBN 978-7-03-070357-6

Ⅰ. ①各… Ⅱ. ①钱… ②朱… ③李… Ⅲ. ①波传播-研究 Ⅳ. ①O4

中国版本图书馆 CIP 数据核字(2021)第 221821 号

责任编辑：李涪汁 曾佳佳/责任校对：彭珍珍

责任印制：张 伟/封面设计：许 瑞

科学出版社 出版

北京东黄城根北街 16 号

邮政编码：100717

http://www.sciencep.com

北京中科印刷有限公司 印刷

科学出版社发行 各地新华书店经销

*

2021 年11月第 一 版 开本：720×1000 1/16

2022 年 1 月第二次印刷 印张：9 3/4

字数：200 000

定价：99.00 元

（如有印装质量问题，我社负责调换）

序　言

波动是物质的一种特殊运动形式，既有趣又有用。自 19 世纪开始，人们对波动规律的认知不断加深，不仅演绎形成了新的学科分支（如物理声学、弹性波动学），也催生了系列新技术（如超声波无损检测技术、地震波成像技术），促进了社会发展。波动可以分为经典波和非经典波两大类，电磁波和声波（包括弹性波）是前者的典型代表，而物质波则属于后者。

在现代社会中，声波有着广泛的工程应用背景，如利用压电效应制成的声波谐振器，作为频率激发与控制的基础元器件，广泛应用于无线通信领域。此外，谐振器的波动特性会随环境的变化而发生改变，因此可以利用该特性制成多种压电声波传感器。压电声波器件的性能与其结构中的波动特性密切相关，包括波的不同振型、频散性质以及模态耦合效应等，而绘制波动频散曲线是研究结构中波动特性的基础。此外，在无损检测以及结构健康监测技术中，超声导波是一种重要的信息载体。但是导波在待测结构中的传播特性相当复杂，尤其是其频散特性和多模态耦合使一般操作者难以读懂和利用散射波场中的有用信息。为此，有必要对超声导波在不同结构中的传播机理进行系统的研究，其中最重要而直接的方式是根据波动频散方程绘制频散曲线。

不同于常见的各向同性弹性材料，实际应用中许多结构的波动频散方程一般十分复杂。这种复杂性来源于多个方面，如压电器件中的多物理场耦合，复合材料的各向异性以及多种因素导致的波的能量损耗等。如何求解一般形式的波动频散方程是弹性波理论与应用领域研究者普遍关注的问题，然而，目前还未见有聚焦于该问题的著作。

南京航空航天大学钱征华教授课题组长期从事弹性波理论与应用的基础研究，承担国家自然科学基金项目、江苏省重点研发项目等多项科研课题，取得了丰硕的成果。近年来，该课题组提出了一种新算法，成功解决了一般频散方程在复波数域内的求解难题，并在相关学术期刊上发表了系列论文，得到学术界的关注和认可。钱征华等在上述工作基础上，经过思考和梳理，撰写形成该专著，系统介绍了在实数域以及复数域内求解一般频散方程的方法和具体操作过程，并应用于不同工程背景下波动问题相关特性的研究，分析案例包括了多物理场耦合、强各向异性以及多种能量耗散等一系列工程实际中的复杂因素，相关结论可用于指导分析实际工程问题。该书逻辑完整，层次清晰，可读性强，可供力学、机械等具有理工科专业背景的研究生选用作为学习资料，也可供声波器件等领域的研究人员参考。

特向广大读者推荐该书并作序。

陈伟球

2021 年 10 月

前　　言

超声导波在工程领域中有着广泛应用。如各种压电声波器件作为标准频率源，广泛应用于移动通信系统、定位导航系统和消费类民用电子产品中。而利用压电声波器件制成的加速度传感器、石英晶体微天平、换能器、俘能器等在交通、化学、生物医药等领域也扮演着重要的角色。此外，基于超声导波的结构缺陷无损检测技术也广泛应用于管道运输、桥梁建筑、铁路交通以及航空航天领域，具体包括输油输气管道、桥梁钢索钢缆吊件、铁轨和飞机蒙皮的损伤检测与定位等。超声导波也可应用于埋置建筑检测、地质勘探、结构噪声控制以及地震波防护等诸多方面。这些工程应用的前提是对于器件的振动特性或构件的波动特性有充分的研究，掌握其中的频散特性对优化声学器件的结构设计、提高无损检测技术的精度与效率具有重要意义。

作者所在的团队近十年来一直专注于弹性波理论与应用的研究，包括多种压电声波器件的机制研究和结构优化设计，如石英谐振器、薄膜体声波谐振器和滤波器等，以及基于超声导波的缺陷位置及形状定量化重构技术的开发。这些研究均涉及复杂结构中波动频散关系的精确求解。与各向同性纯弹性材料相比，压电声波器件中的多物理场耦合(力电耦合)，复合材料无损检测中的强各向异性等因素均极大地增加了频散关系精确求解的难度。此外在实际应用中，声波的耗散特性不能忽略，它们是影响器件工作性能或缺陷检测效率的重要因素。这些耗散特性直接影响着声学器件的品质因子和无损检测技术中导波模态的选择。

针对这些问题，我们的研究团队提出了一种计算复波数域多元超越方程(组)的新算法，并将其应用在了频散方程的求解上。该算法采用独特的多种局部极小值搜索方式和独特的零点判别法则，保证了求解的高效稳定，克服了现有方法的漏根、复杂情况下适用性不高和能量耗散系统中无法求解等一系列严重问题。基于此算法，结合不同的结构和材料，进一步研究了压电材料介电损耗、电极电阻、压电半导体材料中载流子迁移和复合材料黏弹性等因素引起的波的耗散特性。本书所提出的方法和后续的研究内容对于理论及工程实际中的多种波动问题均具有指导意义。

本书是研究团队近十年来在复杂材料及结构中频散关系求解研究的一个总

结。这期间与多位国内外学者保持着学术交流。作者对美国的杨嘉实教授、潘尔年教授、俄罗斯的 Iren Kuznetsova 教授表示感谢，这些学者为作者研究过程中遇到的某些难题提供了建议。作者也感谢课题组所有成员的帮助，以及国家自然科学基金项目、国家自然科学基金中俄国际合作交流项目、江苏省自然科学基金项目等的支持。

鉴于作者水平有限，书中难免有疏漏及不足之处，望读者朋友批评指正。

作　者

2021 年 4 月

目　录

第1章 绪　论

1.1 研究背景

1.1.1 几种经典的波形

本节将根据图1.1所示的主要结构，介绍一些简单情况下的经典波形。

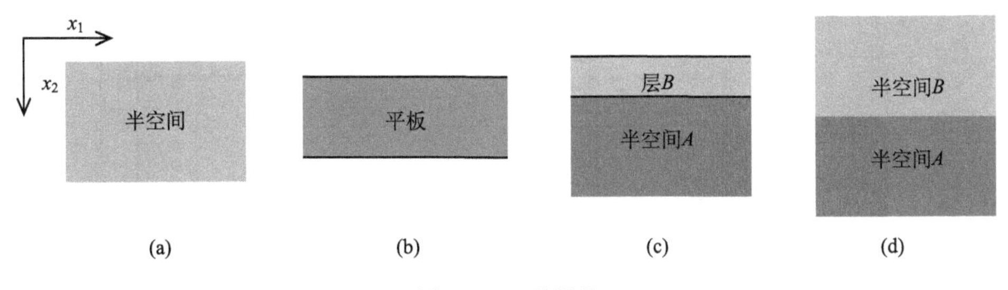

图1.1　几种结构

1911年，英国力学家Love首次发现，当半无限大各向同性弹性半空间的表面覆盖一个不同材料的弹性介质层时(图1.1(c))，如果覆盖层固有的剪切波波速c_T^B小于基底固有的剪切波波速c_T^A，该结构可以传播一种水平剪切波，其位移分量分别为

$$u_1 = u_2 = 0, \quad u_3 = u_3(x_1, x_2, t) \tag{1.1}$$

后来，该弹性波被命名为Love波。它是一种表面波，即波的能量主要集中在覆盖层及基底的上表面。同时，Love波是频散波，其相速度与波数和覆盖层的厚度相关，如图1.2所示。由此可见，Love波的相速度起始于半空间材料固有剪切波的相速度c_T^A，随无量纲波数kh的增加，其值逐渐趋近于覆盖层的剪切波波速c_T^B；且高阶模态的出现与kh之间呈现周期性。在截止频率附近，波透入弹性半空间内部的深度很深，它的传播速度与基体材料中横波的速度相接近。随着频率的增高，Love波的传播速度逐渐减小，透入弹性半空间的深度也随之逐渐减小，即波的能量的传播逐渐集中到上覆层。当波长的尺度与上覆层厚度相比小很多时，波的能量的传播基本集中在上覆层中。已有研究结果表明：Love波因只有一个机械位移分量，相对简单可控；在某些频率范围内，Love波具有较高的机电耦合系

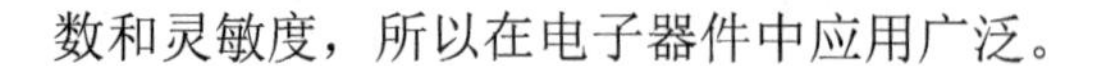
数和灵敏度，所以在电子器件中应用广泛。

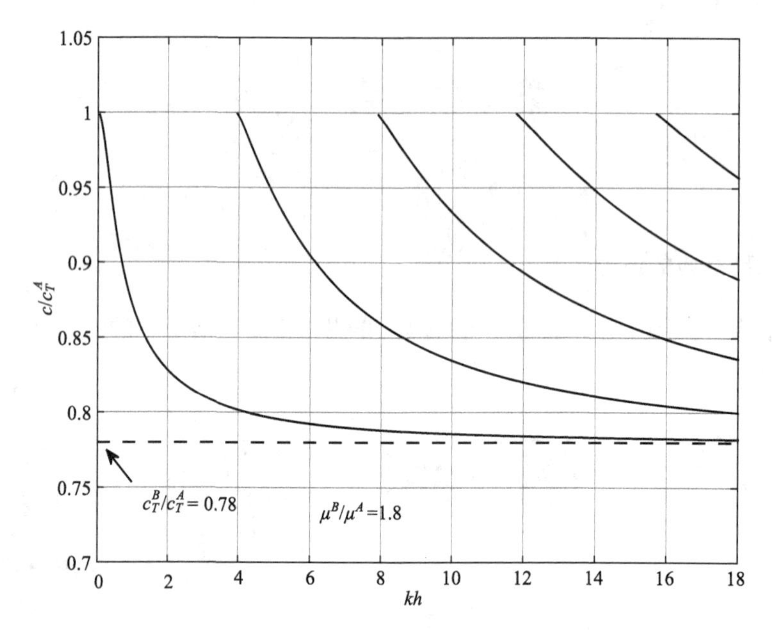

图 1.2 Love 波的相速度-波数曲线(μ 为剪切模量)

19 世纪末英国物理学家 Lord Rayleigh 在研究地震波过程中发现了一种集中于地表面传播的声波，后被命名为 Rayleigh 波。Rayleigh 波是一种能够在半无限大的弹性体表面传播的波，如图 1.1(a)所示，三个方向的位移模式可以取为

$$u_1 = u_1(x_1, x_2, t), \quad u_2 = u_2(x_1, x_2, t), \quad u_3 = 0 \tag{1.2}$$

它含有两个机械位移分量，质点运动的轨迹是逆时针方向的椭圆，波动随离开自由表面距离的增加而迅速衰减。这种表面波是非频散波，即具有单一的相速度，其值略小于弹性体的体波波速，可表示为 $v_{\text{Rayleigh}} = \left(c_{44}^{\text{R}}/\rho\right)^{0.5}$。其中相对弹性模量与弹性半空间材料的泊松比相关，即 $c_{44}^{\text{R}} = c_{44} f(\nu)$，对于一般的弹性材料，$0.7569 < f(\nu) < 0.9216$ [1]。

如果在半无限体的表面覆盖一个区别于弹性体材料的薄层(图 1.1(c))，弹性波从自由表面入射，在分界层上发生多次衍射和干涉，这种层状结构也可以传播 Rayleigh 波，有时称之为广义 Rayleigh 波。与 Rayleigh 波及 Love 波相比，广义 Rayleigh 波的某些传播特点有所不同。

首先，广义 Rayleigh 波中没有 Love 波中 $c_T^B < c_T^A$ 存在条件的限制，即薄膜材料的体横波的传播速度 c_T^B 无论大于还是小于基体中的体横波传播速度 c_T^A，广义

Rayleigh 波都可能出现。当 $c_T^B > c_T^A$ 时，薄膜层称为快层；当 $c_T^B < c_T^A$ 时，薄膜层称为慢层。但是无论哪种情况，广义 Rayleigh 波均为频散波。

对于 $c_T^B > c_T^A$ 的情况，只存在一种模式，即基模，不存在高次模。在这种情况下，当基体上不存在膜时，基体中传播的是 Rayleigh 波；当膜层增厚或频率增高，广义 Rayleigh 波的传播速度也会随之逐渐增加，直至增加到与基体的体横波速度相同为止。此时，波的透入深度增加，类似于体横波。对于 $c_T^B < c_T^A$ 的情况，则类似于 Love 波(只是质点做椭圆振动)，除了具有频散性以外，还有高次模存在。例如，钢半空间(ρ=7800 kg/m^3，c_L=5941 m/s，c_T=3251 m/s)，其上覆盖一层厚度5mm 的人工树脂(ρ=1180 kg/m^3，c_L=2680 m/s，c_T=1100 m/s)，相速度-频率曲线如图 1.3 所示。

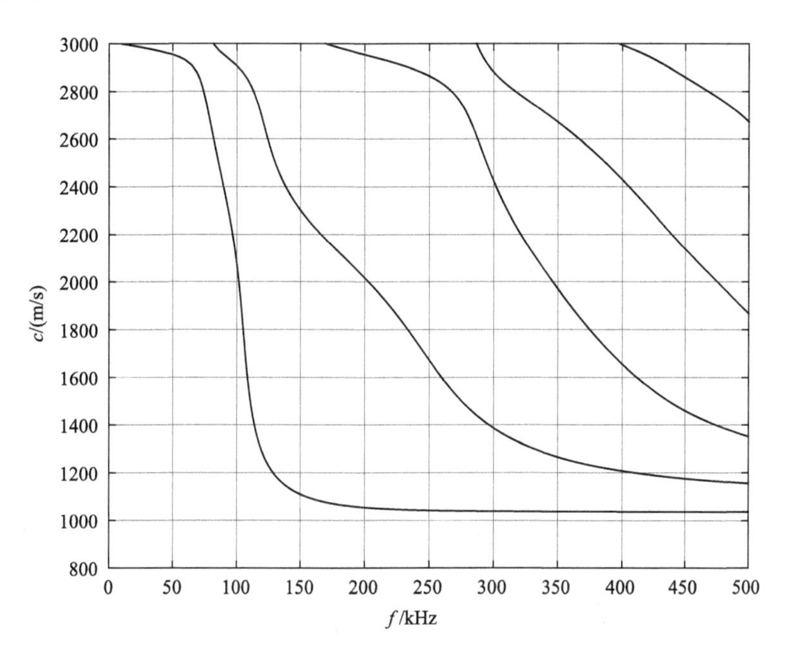

图 1.3 覆盖 5mm 人工树脂的钢半空间中广义 Rayleigh 波的相速度-频率曲线

如果将半无限空间换成有限尺寸的平板，如图 1.1(b)所示，这种波就称为 Lamb 波。Lamb 波是由英国物理学家 Horace Lamb 于 1917 年发现的，含有与 Rayleigh 波相同的位移分量(如式(1.1)所示)，区别在于：Rayleigh 波是在半无限大空间中传播的波，而 Lamb 波在有限尺寸的介质中传播，所以 Lamb 波的能量不仅仅集中在板的上下表面。通常将 Lamb 波分为对称(symmetric)和反对称(anti-symmetric)模态分别加以研究。此外，与 Rayleigh 波不同，Lamb 波的相速度与板的厚度直接相关，它是一种频散波。关于 Lamb 波的频散曲线的示例可见 2.5.2 节。

1968 年，美国科学家 Bleustein 和苏联科学家 Gulyaev 几乎同时从理论上证明了横观各向同性压电陶瓷半空间(图 1.1(a))中可单独存在一种与 Love 波具有相同位移模式的水平剪切波，如果材料的压电性能消失，则该水平剪切波也不复存在。这种波被命名为 Bleustein-Gulyaev(B-G)波或 Gulyaev-Bleustein(G-B)波。随后不久，日本东北大学的 Shimizu 教授团队独立地从实验上证明了这种波的存在，所以在很多期刊的文章中也有专家学者把这种波称为 B-G-S 波。

B-G 波的位移模式与 Love 波相同，在压电材料中位移矢量 $\boldsymbol{u}$ 和电势函数φ可取为

$$u_1 = u_2 = 0, \quad u_3 = u_3(x_1, x_2, t), \quad \varphi = \varphi(x_1, x_2, t) \tag{1.3}$$

横观各向同性压电陶瓷半空间中的 B-G 波是非频散波。电学开路的情况下，其相速度值为 $c_{\text{open}} = c_{\text{sh}}\left(1 - K_{15}^4 / \left(1 + \varepsilon_{11} / \varepsilon_0\right)^2\right)^{0.5}$；电学短路的情况下，其值变为 $c_{\text{shorted}} = c_{\text{sh}}\left(1 - K_{15}^4\right)^{0.5}$，其中 $c_{\text{sh}} = \left(\hat{c}_{44} / \rho\right)^{0.5} = \left(c_{44} + e_{15}^2 / \varepsilon_{11}\right)^{0.5} / \rho^{0.5}$，为压电材料固有的剪切波波速(这里 $\hat{c}_{44} = c_{44} + e_{15}^2 / \varepsilon_{11}$，为有效压电刚度)；$K_{15}^2 = e_{15}^2 / \left(\varepsilon_{11}\hat{c}_{44}\right)$，为压电耦合系数；$\varepsilon_0$ 为空气中的介电常数。由此可见，当压电耦合系数 $K_{15}^2 = 0$ 时，上述两种情况下的相速度均为 c_{sh}，即为弹性半空间的固有剪切波波速。这也解释了为什么 B-G 波不能够单独在弹性半空间中传播。B-G 波不仅存在于横观各向同性压电材料中，而且在其他压电材料中也能够传播，甚至在某些压电压磁材料中也存在这种波。除此之外，压电复合层状结构中也能够传播 B-G 波，此时 B-G 波的相速度不再唯一，而是与波长和厚度密切相关，所以此时 B-G 波是一种频散波。

除了上述几种情况，经典波形中还有一种较为少见的 Stoneley 波。Stoneley 波具有与 Rayleigh 波和 Lamb 波相同的机械位移分量，它是一种沿着两个半无限大弹性半空间的连接界面(图 1.1(d))传播的表面波，且位移分量沿垂直于界面的方向指数衰减。研究结果表明，Stoneley 波还可以沿流体半空间和弹性固体半空间的界面传播。近年来，也有关于 Stoneley 波在不同材料组合以及不同边界条件下的传播特性的研究。如果两个弹性半无限大空间中至少有一个是压电材料，那么含有单一机械位移分量的水平剪切波也可以在它们的界面连接处进行传播，Maerfeld 和 Tournois 两位科学家首先从理论上证明了这一点，有的文献中称这种波为“Maerfeld-Tournois 波”。Stoneley 波对材料和结构的要求比较高，只有当上

下两个半空间固有体波波速几乎相等时才能够存在；另外，在现有的器件中，很难找到同时拥有两个半无限大空间的实例，这些不利因素也限制了 Stoneley 波和 Maerfeld-Tournois 波在电子器件中的应用。

1.1.2 复杂材料中波动频散方程的特性

超声导波在实际工程中有着广泛的应用背景，如基于压电效应的各种声波传感器、谐振器、滤波器[2,3]，具有尺寸小、精度高、灵敏度高等一系列特点，这类器件广泛应用于通信传感领域。掌握导波在器件中传播的一般性规律，如波的频率、振型分布、多场耦合强弱特性可以用于器件设计、性能优化等。此外，超声导波也广泛应用于无损检测以及结构健康监测技术中[4,5]，利用导波可以进行快速大范围的缺陷定位及损伤评估。这类应用需要提前掌握待监测的特定结构中的导波频散曲线，选择最合适的导波模态进行传播探测。

不同于弹性各向同性材料(如普通金属材料)，复杂材料中波传播机制的研究难点主要有以下几点：

(1)多物理场耦合，如压电薄膜中的力电耦合[6-10]、压电半导体材料中的力电载流子耦合[11-13]等，这些耦合场的特征及强弱直接决定了器件的工作原理和性能好坏，同时也增加了理论研究的难度。

(2)强各向异性[14-16]，如利用导波对复合材料[4,5,17]进行无损检测时，必须考虑到材料具有较强的各向异性，与各向同性材料相比，波的频散关系更加复杂。

(3)波的能量损耗，在许多材料中，波传播时能量会有损耗，如半导体中波传播时载流子迁移造成的损耗[18]，以及阻尼材料中波传播的损耗[14-16]。这些损耗不但导致理论求解困难，也十分影响结构中的传播特性，无法忽视，如无损检测中，损耗大的导波无法传播较远距离，不适用于实际应用。

为了适应复杂材料中波动特性的研究需要，必须要有计算导波频散曲线的高效普适性方法。为此本书提出了一种计算波动频散方程的新算法，为了展示该算法的独特性和适用性，对现存计算方法进行如下的总体分类及回顾。

1.2 现存的两大类计算方法

1.2.1 解析频散方程的根搜索算法

研究结构中波传播问题的解析方法为推导解析波动频散方程，并进一步求解该方程。推导解析波动频散方程的过程为，首先假设简谐波解，代入波动控制方程中，可以得到满足控制方程的一般解。再将简谐波的一般解代入相应的边界条件和连续性条件中，可以得到频率与波数(或者频率与相速度)的关系，即频散方程。这一推导过程有传递矩阵法、全局矩阵法等[19]。这步工作的主要难点是推导的频散方程要有良好的数值稳定性，特别是在大频厚积的情况下[16,19]。

推导得到频散方程后，需要进一步求解该频散方程。而不同材料结构中的波动方程、边界条件以及连续性条件各不相同，最终得到的频散方程形式差别很大。有些情况下得到的频散方程比较简单，能够直接求解，例如单层板中的 SH 波[20]。而一般情况下，频散方程为一个关于频率 ω 和传播方向上的波数 k 的复杂超越方程 $g(\omega, k)=0$，传统的计算方法无法求解。具体来说，以下特征导致了频散方程求解的困难。

1. 方程含有复参数

简谐解假设 $\exp[\mathrm{i}(kx-\omega t)]$中含有虚数单位，经过求导以及一般解的线性叠加后，频散方程通常难以简化为纯实数方程，这导致了求解纯实数方程的算法无法使用，例如二分法。

2. 方程表达式复杂

在某些单层结构中，由于边界条件和连续性条件较少，频散方程虽为一个超越方程，但其形式较为简单，可以通过对方程的渐近性质进行讨论求解[21]。而在层状结构中，随着子层数目的增多，连续性条件增多，最终的频散方程表达式十分复杂。另外在多场耦合的材料中，需要考虑位移应力以外的物理量，如压电材料中的电势和电位移等，这也会增加频散方程表达式的复杂度。因此，通过对方程具体形式进行讨论求解的方法一般也不可行。

3. 方程含有没有显式表达式的参数

推导频散方程的第一步是得到满足控制方程的一般简谐解。这个过程最终为求解矩阵特征值或特征多项式的根，在一般各向异性材料或者多场耦合材料中，需要考虑 6 个或更多的物理量，此时的特征多项式次数较高，没有简单的根式解表达式。这些解必须通过数值计算得到，因而再次代入边界条件和连续性条件后，得到的频散方程中含有数值解的参数，这也加大了频散方程的求解困难。

4. 某些问题需要在复数域(波数 k 为复数)求解方程的根

当材料中存在能量损耗或能量泄漏时，波数为一个复数，其虚部表示能量的衰减。这种情况下，频率 ω、波数 k 的二元频散方程 $g(\omega, k)=0$ 变成了关于频率 ω、实波数 $\mathrm{Re}(k)$ 以及虚波数 $\mathrm{Im}(k)$ 的三元方程 $g(\omega, \mathrm{Re}(k), \mathrm{Im}(k))=0$，求解难度更大。

由于存在上述几点困难，一些传统的算法只能在某些简单情况下求解频散方程，如采用牛顿迭代法求解的一个例子可见文献[22]。多数情况下，牛顿迭代法和 Muller 法[23]经常会出现失效[24]。

鉴于传统算法无法有效计算频散方程，近年来一些学者致力于发展新的计算方法。一个重要的思路是采用函数模$|g(\omega, k)|$的极小值点作为频散方程 $g(\omega, k)=0$ 的根。采用这一思路的一个工作可见文献[25]，在这个工作中，作者计算出了(ω, k)平面上$|g(\omega, k)|$的值，并绘制成三维图形，而$|g(\omega, k)|$的极小值点形成了三维图形中凹陷的区域，可以视为近似解。在另一个类似的工作中[26]，作者对函数模$|g(\omega, k)|$取对数，此时零函数模附近的对数值会趋向于负无穷大，可以更直观地看出这些负尖峰所在的位置。这种方法同样只适用于简单的材料，难以计算复合层材料或者复波数域中的频散曲线。一个显而易见的问题是，函数模$|g(\omega, k)|$的极小值点不一定是零点。因此在找出函数模的极小值点后，需要额外判断这些极小值点是否为零点。但在实际数值计算时，一个真实零点的模值$|g(\omega, k)|$也无法完全趋向于零，由于不同问题中涉及的物理量的量纲差异，无法简单设置一个统一的计算容差来判断函数模值$|g(\omega, k)|$是否真正为零。函数模$|g(\omega, k)|$的极小值点不一定是零点的一个例子可见文献[27]，在这个工作中，为了区分开零点和非零极小值点，作者将函数模的极小值点代入波的简谐解，计算位移和应力的分布，检验结果是否满足连续性条件和边界条件。这种判别方法是可行的，但一一计算每个极小值点的位移应力分布会降低计算效率，特别是在多层结构中，连续性条件数目较多，验证起来更为烦琐。

除了上述工作，英国帝国理工学院的 Michael Lowe 教授提出一个基于函数模值的根搜索算法[28]，以此算法为基础，该研究团队开发出了著名的频散曲线计算软件 DISPERSE[29]。这个算法搜索函数模极小值的方式和判别极小值点是否为零点的法则[28]简述如下：对于一般的频散方程 $g(\omega, k)=0$，从一个初始点$(\omega_0, \mathrm{Re}(k_0), \mathrm{Im}(k_0))$开始，进行单变量搜索来寻找$|g(\omega, k)|$的极小值点。例如，首先固定 $\mathrm{Re}(k)$ 和 $\mathrm{Im}(k)$，改变 ω 的值来寻找极小值点。如果找到的函数模的极小值不够接近零点，则固定 ω 和 $\mathrm{Im}(k)$，改变 $\mathrm{Re}(k)$ 的值进行单变量搜索，寻找极小值。不断重

复上述过程，反复以 $\omega, \mathrm{Re}(k), \mathrm{Im}(k)$ 中的一个参量进行单变量搜索，最终可以从初始点 $(\omega_0, \mathrm{Re}(k_0), \mathrm{Im}(k_0))$ 出发找到函数模极小值点。

在找到函数模的一个极小值点后，通过以下方法来判断是否为零点：

如图 1.4 所示，以函数 $g(\omega, k)$ 的实部与虚部为横、纵坐标，绘制出单变量搜索时，函数 $g(\omega, k)$ 值的变化曲线。在这条曲线上，最接近原点的节点视为函数模值 $|g(\omega, k)|$ 的极小值点。在图 1.4(a) 中，极小值点非零，此时极小值节点前后邻近的两个计算节点与坐标原点之间形成了一个夹角 θ。由于极小值点不在原点上，夹角 θ 很小，且当前后邻近的两个节点趋向于极小值节点时，θ 趋向于 0。

在图 1.4(b) 中极小值点为零点，零点前后邻近的两个计算节点与坐标原点之间形成了一个夹角 θ。由于函数 $g(\omega, k)$ 的光滑性且函数值的变化曲线经过了原点，夹角 θ 较大，当前后邻近的计算节点趋向于零点时，θ 趋向于 180°。对比图 1.4 中的两种结果，可以用夹角 θ 的大小来区分零点与非零极小值点。实际计算中以 90° 为区分标准，θ 大于 90° 时视极小值点为零点[28]。

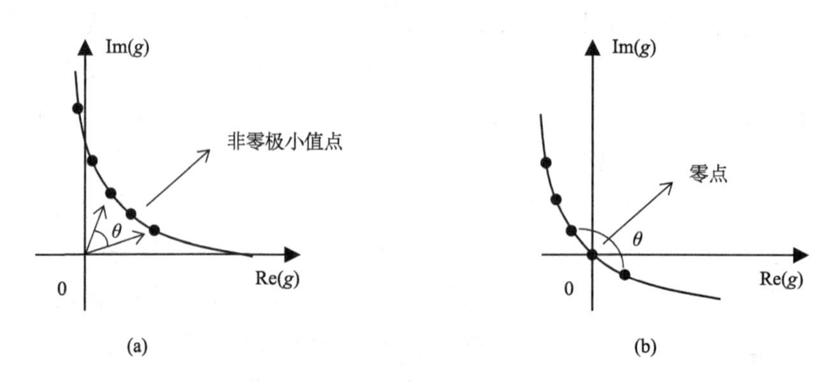

图 1.4 文献[28]中非零极小值点和零点的区分方法示例

除了上述函数模极小值的搜索方式和零点判别法则外，实际的计算中会结合粗略搜索和试位法来提高该方法的计算效率[28]。这种方法可以有效计算波数为纯实数或纯虚数情况下的频散方程，但在复数域(波数 k 为复数)求解方程时，会存在漏根、模态丢失[14-16]的缺陷。

为了解决现有方法求解频散方程时存在的上述诸多问题，本书提出了一种新的求解算法，用于在一般情况下计算频散方程。本方法同样基于寻找函数模值的极小值点，再从中区分零点和非零极小值点这一思路。但与前述方法不同的是，本方法采用了独特的零点判别法则，并且给出了针对一般任意元超越方程的极小值点搜索方式。具体到求解频散方程时，本方法有两种极小值点搜索方式，分别针对纯实纯虚波数、复波数域的根搜索。这两种根搜索方式可以有效避免前述方法求解频散方程时的漏根或者模态丢失问题，避免漏根的机制将在 1.3.2 节中详细阐述。

1.2.2　离散数值计算方法

由于现有方法求解频散方程时存在一些困难，研究者也采用了诸多离散数值计算方法来得到频散曲线，避免了直接求解复杂的超越方程。这些方法主要包括谱方法、伪谱法(谱配点法)、谱元法和半解析有限元法等。

谱方法是将位移、应力等物理量在整个全局展开成级数和形式，求解相应的展开系数，计算精度取决于级数展开式的保留项数。求解频散曲线常见的级数和形式有勒让德多项式[30,31]、三角级数[32]和幂级数[33]。

伪谱法(谱配点法)[34]同样将位移、应力等物理量展开，但与谱方法不同的是，伪谱法只在配置点上精确满足方程。常见的展开形式有切比雪夫多项式[14,15]和勒让德多项式[35]。

谱元法则是有限元法与伪谱法的结合，是一种高阶有限元法。该方法先将全局划分为许多单元，再在每个单元中采用伪谱法。与伪谱法相比，谱元法更容易处理复杂边界，同样分为切比雪夫多项式[36]和勒让德多项式[37-39]。

半解析有限元法是根据波动问题的特殊性，在波传播的方向上保留位移的简谐形式，而在垂直于传播方向的平面内采用有限元求解。该方法求解频散曲线的几个例子可见文献[40,41]。

除了上述方法外，还有精细积分法结合 Wittrick-Williams 法[42,43]、摄动法[24]、WKB 法[44,45]等其他方法。

1.2.3　两类方法的优缺点对比

对比上述两类方法，相较于各种离散数值计算方法或近似方法，解析频散方程的根搜索算法求解精度高，且精度控制很容易，无须通过加密网格等验证解的收敛性，计算效率高，因而是研究波传播问题的优先选择。

但现存根搜索算法的缺陷使得频散方程的求解存在一些限制。比如无法求解一般各向异性黏弹性材料中的频散方程[14-16]，而一些离散数值方法可以求解，如谱配点法[14-16]。

此外，对于具有复杂截面的结构，由于边界或界面的不规则，无法推导该结构中的解析频散方程，进而无法采用对频散方程进行根搜索求解频散曲线。而一些离散数值计算方法可以处理复杂截面结构，如半解析有限元法[40]。

本书提出的新方法属于解析频散方程的根搜索算法，该方法可以求解一般任意元超越方程组，因而突破了现存算法求解频散方程的一些限制，例如一般各向异性黏弹性材料中的频散方程在本书的第6、7章进行了求解，得到了很精细的频散曲线，并对相应结构中的波动性质开展了详细讨论，这些频散曲线的计算结果是现存根搜索算法无法得到的[14-16]。另外，本书研究的层合板结构在现实应用中广泛存在，这类结构中的频散方程能够推导出，因而可以用本书的算法开展研究。

1.3 新根搜索算法简介

本节介绍了一种任意元超越方程组的求解算法，并应用该算法开展了一系列复杂材料中的波传播问题研究。本书的方法采用了寻找函数模值的极小值点，再从中区分零点和非零极小值点这一思路，一些现存算法同样使用了这两个步骤，但本书的方法采用了独特的极小值点搜索方式和零点判别法则，克服了现存算法的一些缺陷，例如漏根或模态丢失。下面对这两个步骤简单介绍以阐明避免漏根的机制。

1.3.1 零点判别法则示例

这里通过两个函数的对比示例来说明本书采用的零点判别法则。

如图1.5所示，函数模$|f(x)|$和$|g(x)|$有相同的极小值点x=1/3，但图1.5(a)中$|f(x)|$的极小值点非零，而图1.5(b)中$|g(x)|$的极小值点为零点。通过计算不同精度下的极小值点的函数模值，可以发现模值的比值在零点与非零点处有显著的差异，计算结果如表1.1所示。

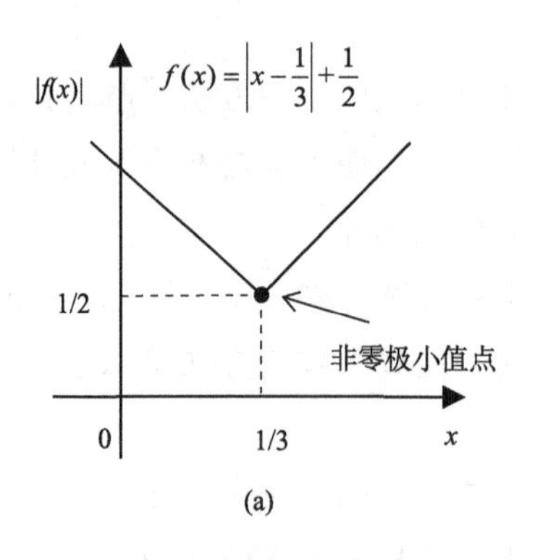

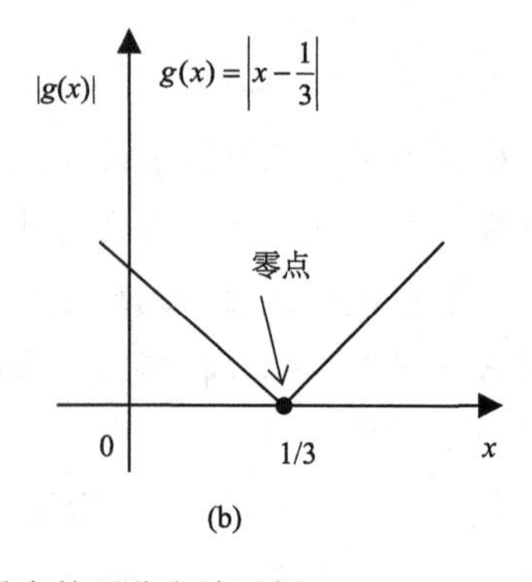

图1.5 本书算法中非零极小值点和零点的区分方法示例

表 1.1　不同精度极小值点的函数模值及其比值

$x_n\to 1/3$	$\lvert f(x_n)\rvert$	$\lvert f(x_0)\rvert/\lvert f(x_n)\rvert$	$\lvert g(x_n)\rvert$	$\lvert g(x_0)\rvert/\lvert g(x_n)\rvert$
x_0=0.3	$\lvert f(x_0)\rvert$=0.53333...	$\lvert f(x_0)\rvert/\lvert f(x_0)\rvert$=1	$\lvert g(x_0)\rvert$=0.03333...	$\lvert g(x_0)\rvert/\lvert g(x_0)\rvert=10^0$
x_1=0.33	$\lvert f(x_1)\rvert$=0.50333...	$\lvert f(x_0)\rvert/\lvert f(x_1)\rvert\approx 1$	$\lvert g(x_1)\rvert$=0.00333...	$\lvert g(x_0)\rvert/\lvert g(x_1)\rvert=10^1$
x_2=0.333	$\lvert f(x_2)\rvert$=0.50033...	$\lvert f(x_0)\rvert/\lvert f(x_2)\rvert\approx 1$	$\lvert g(x_2)\rvert$=0.00033...	$\lvert g(x_0)\rvert/\lvert g(x_2)\rvert=10^2$
x_3=0.3333	$\lvert f(x_3)\rvert$=0.50003...	$\lvert f(x_0)\rvert/\lvert f(x_3)\rvert\approx 1$	$\lvert g(x_3)\rvert$=0.00003...	$\lvert g(x_0)\rvert/\lvert g(x_3)\rvert=10^3$

从表 1.1 中可以看出，当 x_n 趋向于非零极小值点时，函数模值的比值 $|f(x_0)|/|f(x_n)|$ 稳定在 1 附近，而当 x_n 趋向于零点时，函数模值的比值 $|g(x_0)|/|g(x_n)|$ 量级迅速增大。利用这种显著的差异可以轻易区分开函数的非零极小值点和零点。

此外，这种判别零点的方法不受函数值的量级影响，而简单设置一个计算容差无法避免函数值的量级干扰。例如同时将图 1.5 中的两个函数乘以 0.01，即 $f(x)/10^2$ 和 $g(x)/10^2$，$f(x)/10^2$ 在 x=1/3 处的极小值由 0.5 变为了 5×10^{-3}，更加接近零，但这个点实际上非零。如果设置 0.01 的计算容差，即小于 0.01 的函数模值均视为零点，那么会错误地将非零极小值点 x=1/3 视为 $f(x)/10^2$ 的零点。如果采用这里所讨论的比值的区分方法，新函数 $f(x)/10^2$ 和 $g(x)/10^2$ 在极小值点附近的函数模值的比值仍然与表 1.1 中相同，保持不变，即使函数的量级降低 100 倍，仍可以轻易区分开函数的非零极小值点和零点，这显示了本书方法区分非零极小值点和零点的稳定性高。

此外，这里的方法不要求函数在零点和极小值点光滑，如图 1.5 所示。而函数的光滑性在文献[28]中提到的方法里必不可少，如图 1.4 所示，因而本书的零点判别方法适用范围更广。

本节对本书算法中采用的零点判别法则做了简单示例，阐述了相比于其他方法本书方法的优点所在。关于本书的零点判别法则的详细描述见 2.2.2 节，这里不作具体介绍。

1.3.2　避免漏根的多种根搜索方式

1.3.1 节展示的新的零点判别法则可以从极小值点中轻易区分出零点。为了完成对超越方程的求解，本节讨论另一重点，即如何一个不漏地搜索出函数的所有局部极小值点。避免漏根在计算具有 3 个变量的复波数频散方程时至关重要，这是现存算法的主要缺陷之一[14-16]。

为了避免漏根，针对不同的方程需要采用不同的根搜索方式，这里以两个不

同的二元方程 $f(x,y)=x-y$ 和 $g(x,y)=(x-\pi)^2+(y-\pi)^2$ 为例来进行说明。

如图 1.6(a) 所示，$f(x,y)=x-y$ 的所有零点组成了 (x, y) 平面内的一条连续的线。为了找到这些零点，只需采用单变量搜索，即固定 x, y 中的任意一个，改变另一个变量搜索 $f(x, y)$ 的零点。在图 1.6(a) 中，给出了固定 x，改变 y 的搜索方式，可以发现任意固定 x 均能找到一个零点。这种情况下，只要以一定的间隔固定 x 的值，就能找到某个区域内方程的所有零点，x 的固定间隔越密集，找到的零点越多。

但这种单变量搜索的方式无法适用所有的方程，如图 1.6(b) 所示，$g(x,y)=(x-\pi)^2+(y-\pi)^2$ 在 (x, y) 平面内只有一个零点 (π, π)。此时，除非恰巧将 x 固定在 π，否则无论以多密集的间隔固定 x 的值，只改变 y 的值始终无法搜索到这个零点。而在一般情况下，x 轴上的点无穷不可数，恰巧将 x 固定在特定的点上(如这里的 π)几乎不可能。因此，单变量搜索无法找到方程 $g(x,y)=0$ 的根，这是造成漏根的第一种情况。

为了找到 $g(x,y)=(x-\pi)^2+(y-\pi)^2$ 的零点，需要采用双变量搜索，即在一个小区域内同时改变 x, y 的值来搜索根。如图 1.6(c) 所示，此时的搜索范围变成了一个二维网格而非一维的直线。这个二维网格可以覆盖住单个零点，因此能够搜索到方程的根。

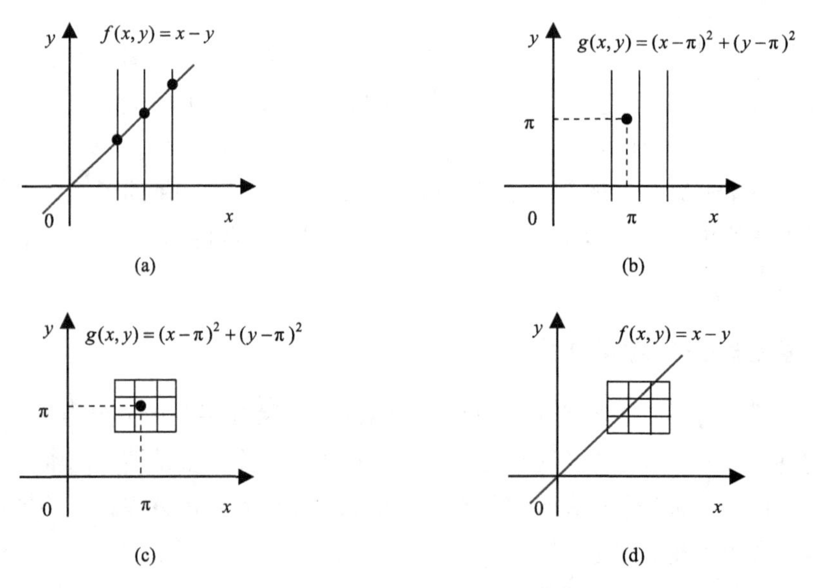

图 1.6 不同根搜索方式示意图

但这种双变量搜索的方式也无法适应所有的方程，如图1.6(d)所示，用双变量搜索的方式来寻找$f(x,y)=x-y$的根时，一个二维网格覆盖住无穷多个零点，而在一个网格上只对比找出函数模值的一个零极小值点，其他零点均被遗漏，这是造成漏根的第二种情况。

综上所述，为了避免漏根，需要针对不同的方程采用不同的根搜索方式。合理的根搜索方式如图1.6(a)和(c)所示，造成漏根的搜索方式如图1.6(b)和(d)所示。

在1.2.1节中介绍的文献[28]中的根搜索方式是反复以不同参量进行的单变量搜索。这种反复固定不同变量的单变量搜索方式也可以找到图1.6(b)中函数$g(x,y)=(x-\pi)^2+(y-\pi)^2$的零点，但这种搜索方式十分依赖搜索的初始起点[28]，不能稳定地找出零点，在求解3个变量的复波数频散方程时会出现漏根或模态丢失[14-16]。而采用双变量的二维网格搜索方式可以稳定地找到$g(x,y)=0$这类零点以离散点形式出现的方程的根，且无须依赖搜索的初始起点。这是本书算法能够避免漏根或模态丢失的原因。关于求解频散方程的两种特殊根搜索方式和一般任意元超越方程组的根搜索方式选取的详细讨论可见2.3节和2.4节，这里不作具体介绍。

1.4　基于新算法开展的研究工作

基于提出的算法，结合超声导波的实际应用背景，本书后续开展了一系列波传播问题的研究。

在第3章中研究了压电声波器件中的波动特性。压电声波器件可以制成各类传感器、谐振器、滤波器，在现代通信、传感等领域应用广泛。这类应用中，人们关注器件的谐振频率，以及各种频率下的振动特性，根据不同的问题选择相应的振动模式作为工作模态，以此为基础可以进行后续的器件设计和性能优化。鉴于此，这里以薄膜体声波谐振器的压电复合结构为例，推导了短路与开路两种结构中的频散方程并计算了频散曲线，分析了各阶曲线的振型，讨论了电极质量比对各阶曲线截止频率的影响。在传统的石英谐振器的研究中，电极通常被简化为惯性项，而为了获得兆赫兹的工作频率，薄膜体声波谐振器一般厚度很小，惯性电极模型造成的误差不容忽视。因此，这里也研究了弹性电极模型和惯性电极模型中各阶模态的截止频率误差对比、振型对比等。而第4章进一步考虑了电极电导对波动的影响。

许多压电材料同时具有半导体特性，半导体效应会对压电效应产生干扰，例如载流子会在压电势的驱使下流动，进而中和部分压电势。因此，有必要研究压电声波器件中半导体效应的影响。此外，利用半导体效应与压电效应的耦合特性，也可以制成能量采集器。以这两点为背景，第 5 章研究了压电半导体板中的波传播问题，讨论了半导体效应造成的频散曲线尺度依赖性、能量损耗以及各阶模态的振型特征。进一步对比纯压电材料，研究了压电半导体耦合作用的若干影响，如电势大小的变化、载流子分布以及电势分布的改变机制等。据此提出了变形恢复阶段能量采集的新机制。同时也研究了决定压电半导体中电势大小的几种因素。

除了上述各类声波器件，波动问题的另一大应用背景为导波无损检测及结构健康监测。这类应用的基础是必须对导波在结构中的传播特性有详细的了解。随着复合材料的广泛应用，对这类复杂材料的无损检测需求也在提高。复合材料一般具有较强的各向异性和材料黏弹性，相比普通各向同性纯弹性材料，波动特性更加复杂。鉴于此，第 6 章研究了具有 21 个独立复数材料参数的一般各向异性黏弹性材料中的波动特性。对比了黏弹性模型与纯弹性模型以及两种黏弹性模型之间的差异与关联。进一步讨论了波的衰减特征，包括振型转换、频散分支转向、群速度或能量速度跳跃与衰减突破等一系列复杂性质的关联，也对比了等效各向同性材料与一般各向异性材料中的波动差异。

在复合材料的应用中，除了材料各向异性度强以及黏弹性外，复合材料一般会形成层合结构，其界面脱黏是常见的结构破坏形式。因此，第 7 章后续研究了具有不完美界面的一般各向异性黏弹性双层结构中的波动特性变化。包括界面完美、界面完全分层两种特殊情况，以及从完美界面到完全分层的过程中频散曲线和振型的多种演化过程和变化机制。

由于第 6 章及第 7 章研究的是一般各向异性黏弹性材料，即最复杂的三斜晶系，这种最一般情况下的研究方法和结论可以简化至任意各向异性度的弹性或黏弹性层合结构中，因而包含了实际中的绝大多数情况。

参 考 文 献

[1] Gulyaev Y V. Review of shear surface acoustic waves in solids. IEEE Transactions on Ultrasonics Ferroelectrics and Frequency Control, 1998, 45(4): 935-938.

[2] Qin L, Chen Q, Cheng H, et al. Analytical study of dual-mode thin film bulk acoustic resonators (FBARs) based on ZnO and AlN films with tilted c-axis orientation. IEEE Transactions on Ultrasonics, Ferroelectrics, and Frequency Control, 2010, 57(8): 1840-1853.

[3] Du J, Xian K, Wang J, et al. Thickness vibration of piezoelectric plates of 6 mm crystals with

tilted six-fold axis and two-layered thick electrodes. Ultrasonics, 2009, 49(2): 149-152.
[4] Willberg C, Duczek S, Vivar-Perez J M, et al. Simulation Methods for Guided Wave-Based Structural Health Monitoring: A Review. Applied Mechanics Reviews, 2015, 67(1): 1-20.
[5] Mitra M, Gopalakrishnan S. Guided wave based structural health monitoring: A review. Smart Materials and Structures, 2016, 25(5): 1-27.
[6] Mindlin R D, Yang J. An Introduction to the Mathematical Theory of Vibrations of Elastic Plates. Singapore: World Scientific, 2006.
[7] Mindlin R D. High frequency vibrations of piezoelectric crystal plates. International Journal of Solids and Structures, 1972, 8(7): 895-906.
[8] Wang J, Yang J. Higher-order theories of piezoelectric plates and applications. Applied Mechanics Reviews, 2000, 53(4): 87-99.
[9] Tiersten H F. On the thickness expansion of the electric potential in the determination of two-dimensional equations for the vibration of electroded piezoelectric plates. Journal of Applied Physics, 2002, 91(4): 2277-2283.
[10] Yang J. The Mechanics of Piezoelectric Structures. Singapore: World Scientific, 2006.
[11] Wang Z L. Nanobelts, nanowires, and nanodiskettes of semiconducting oxides—From materials to nanodevices. Advanced Materials, 2003, 15(5): 432-436.
[12] Wang Z L. Piezopotential gated nanowire devices: Piezotronics and piezo-phototronics. Nano Today, 2010, 5(6): 540-552.
[13] Wang X, Zhou J, Song J, et al. Piezoelectric field effect transistor and nanoforce sensor based on a single ZnO nanowire. Nano Letters, 2006, 6(12): 2768-2772.
[14] Quintanilla F H, Fan Z, Lowe M, et al. Guided waves' dispersion curves in anisotropic viscoelastic single-and multi-layered media. Proceedings of the Royal Society A: Mathematical, Physical and Engineering Sciences, 2015, 471(2183): 20150268.
[15] Quintanilla F H, Lowe M, Craster R. Full 3D dispersion curve solutions for guided waves in generally anisotropic media. Journal of Sound and Vibration, 2016, 363: 545-559.
[16] Quintanilla F H. Pseudospectral Collocation Method for Viscoelastic Guided Wave Problems in Generally Anisotropic Media. London: Imperial College London, 2016.
[17] Tabiei A, Zhang W. Composite laminate delamination simulation and experiment: A review of recent development. Applied Mechanics Reviews, 2018, 70(3): 030801.
[18] Zhu F, Ji S, Zhu J, et al. Study on the influence of semiconductive property for the improvement of nanogenerator by wave mode approach. Nano Energy, 2018, 52: 474-484.
[19] Lowe M J. Matrix techniques for modeling ultrasonic waves in multilayered media. IEEE Transactions on Ultrasonics, Ferroelectrics, and Frequency Control, 1995, 42(4): 525-542.
[20] Achenbach J. Wave Propagation in Elastic Solids. Netherlands: Elsevier, 2012.
[21] Bleustein J L. Some simple modes of wave propagation in an infinite piezoelectric plate. Journal of the Acoustical Society of America, 1969, 45(3): 614-620.
[22] Neau G. Lamb waves in anisotropic viscoelastic plates. Study of the wave fronts and attenuation.

Bordeaux: University of Bordeaux, 2003.

[23] Muller D E. A method for solving algebraic equations using an automatic computer. Mathematics of Computation, 1956, 10(56): 208-215.

[24] Mendez F J, Losada I J. A perturbation method to solve dispersion equations for water waves over dissipative media. Coastal Engineering, 2004, 51(1): 81-89.

[25] Honarvar F, Enjilela E, Sinclair A N. An alternative method for plotting dispersion curves. Ultrasonics, 2009, 49(1): 15-18.

[26] Shatalov M Y, Every A G, Yenwong-Fai A S. Analysis of non-axisymmetric wave propagation in a homogeneous piezoelectric solid circular cylinder of transversely isotropic material. International Journal of Solids and Structures, 2009, 46(3-4): 837-850.

[27] Zhu K, Qing X, Liu B. A reverberation-ray matrix method for guided wave-based non-destructive evaluation. Ultrasonics, 2017, 77: 79-87.

[28] Lowe M J S. Plate Waves for the NDT of Diffusion Bonded Titanium. London: Imperial College London, 1992.

[29] Lowe M, Pavlakovic B. DISPERSE user manual. London: Imperial College London, 2013.

[30] Gao J, Lyu Y, Zheng M, et al. Modeling guided wave propagation in multi-layered anisotropic composite laminates by state-vector formalism and the Legendre polynomials. Composite Structures, 2019, 228: 111319.

[31] Yu J G, Lefebvre J E, Xu W J, et al. Propagating and non-propagating waves in infinite plates and rectangular cross section plates: Orthogonal polynomial approach. Acta Mechanica, 2017, 228(11): 3755-3769.

[32] Pagneux V, Maurel A. Determination of Lamb mode eigenvalues. Journal of the Acoustical Society of America, 2001, 110(3): 1307-1314.

[33] Cao X, Jin F, Jeon I. Calculation of propagation properties of Lamb waves in a functionally graded material (FGM) plate by power series technique. NDT & E International, 2011, 44(1): 84-92.

[34] 刘飞. 谱方法与高阶时间离散方法及应用. 杭州: 浙江大学, 2012.

[35] Gravenkamp H, Song C, Prager J. A numerical approach for the computation of dispersion relations for plate structures using the Scaled Boundary Finite Element Method. Journal of Sound and Vibration, 2012, 331(11): 2543-2557.

[36] 林伟军，苏畅, Géza S. 多网格谱元法及其在高性能计算中的应用. 应用声学, 2018, 37(1): 42-52.

[37] 李孝波，薄景山，齐文浩，等. 地震动模拟中的谱元法. 地球物理学进展，2014,（5）: 2029-2039.

[38] Gravenkamp H, Man H, Song C, et al. The computation of dispersion relations for three-dimensional elastic waveguides using the Scaled Boundary Finite Element Method. Journal of Sound and Vibration, 2013, 332(15): 3756-3771.

[39] Treyssede F. Spectral element computation of high-frequency leaky modes in three-dimensional

solid waveguides. Journal of Computational Physics, 2016, 314: 341-354.

[40] Bartoli I, Marzani A, di Scalea F L, et al. Modeling wave propagation in damped waveguides of arbitrary cross-section. Journal of Sound and Vibration, 2006, 295(3-5): 685-707.

[41] Predoi M V, Castaings M, Hosten B, et al. Wave propagation along transversely periodic structures. Journal of the Acoustical Society of America, 2007, 121(4): 1935-1944.

[42] Gao Q, Zhang Y. An accurate method for guided wave propagation in multilayered anisotropic piezoelectric structures. Acta Mechanica, 2020, 231: 1783-1804.

[43] 高强. 哈密顿体系中波的传播、鲁棒控制与辛方法探索. 大连: 大连理工大学, 2007.

[44] Cao X, Jin F, Wang Z. On dispersion relations of Rayleigh waves in a functionally graded piezoelectric material (FGPM) half-space. Acta Mechanica, 2008, 200(3): 247-261.

[45] Liu J, Cao X, Wang Z. Propagation of Love waves in a smart functionally graded piezoelectric composite structure. Smart Materials and Structures, 2007, 16(1): 13-24.

第 2 章　多元超越方程的求解算法

2.1 引　　言

一些简单模型下的频散方程可以直接求解，例如各向同性板中的水平剪切波(SH 波)[1]。除此以外，大多数情况下波动频散方程是一个超越方程，例如各向同性板中的 Lamb 波[1]。而随着材料各向异性增加、多层层状结构的出现、考虑结构的尺度效应以及材料的力电多场耦合因素等，一般的波动频散方程的表达式变得更加复杂，无法写出其具体的形式，通常表示为矩阵行列式为零的形式，其中行列式的某些系数又是一些特征值问题的特征向量和特征根(或者等价地高次多项式方程的解)。

此外，频散方程是具有波数与频率两个变量(或者相速度和频率)的二元方程。在某些情况下波的能量是衰减的，波数只具有复数解。例如，黏弹性结构中材料阻尼引起的波的能量损耗；半导体材料中载流子迁移造成的波的能量损耗；与无限大介质相连的结构中波的能量外漏。在这些情况下，复波数实际等价于两个实变量，即实部和虚部。此时的频散方程实际为一个三元方程。

由于频散方程表达式复杂，具有多变量、含有无显式表达式的参数、需要复数域求解等特点。传统的一些求解方法，例如二分法、牛顿迭代法、穆勒法等，难以适应一般性的频散方程求解。有一些学者利用了模值的尖峰来寻找方程的根[2,3]，这种做法简单快速，但得到的解实际上只是局部极小值，只能作为频散方程解的猜测值[3]，且很难处理复波数域的三元方程。实际上，通过模值的信息是可以得到方程精确解的。类似的工作例如英国帝国理工学院的 Lowe 教授开发的频散方程根搜索求解算法[4]和求解软件 DISPERSE[5]，但这个方法在一般各向异性复数域问题的求解上存在一些限制[5]，会有漏根或模态丢失[6,7]，特别是波数虚部值较大的时候。为此本章提出一种新的求解算法来求解频散方程。一个普适性的算法应尽可能少地要求方程具有某些特定性质和形式，例如可微、方程未知数数目的限制等。对待求方程 $f(x_1,\cdots,x_n)=0$，本算法仅要求函数 $f(x_1,\cdots,x_n)$ 具有分段连续性，可以处理不光滑函数。本算法具有两大主要特点，一是以零点附近函数 $f(x_1,\cdots,x_n)$ 连续性为基础，根据零点和非零点附近的函数模比值的收敛性与发散性得到的零点判别法则；二是处理不同未知数多元方程时的根搜索扫描单元的选取法则。这两大特点很好地处理了方程的复杂性、复数域求解以及多变量问题。

本章提出的算法是后续章节工作的基础。本章的后续内容安排为：在 2.2 节通过单变量方程的求解过程，阐述算法的零点判别法则；在 2.3 节分别讨论纯实、纯虚波数的频散方程以及复波数域频散方程的求解，给出相应的扫描单元以及对应的伪代码；在 2.4 节讨论一般任意元超越方程(组)的求解和扫描单元的选取法则；在 2.5 节通过两个经典的波传播问题验证了本算法的正确性。

2.2　零点判别法则：以求解单变量超越方程为例

对于任意单变量方程 $f(x)=0$，可以等价地说，$f(x)$ 的模值(或绝对值)等于零。因此，在后续的讨论中，用方程 $|f(x)|=0$ 来替换原来的方程 $f(x)=0$。

求解方程 $|f(x)|=0$ 根的过程包含两步：

(1) 找出函数 $|f(x)|$ 的所有局部极小值点。

(2) 由于 $|f(x)|\geqslant 0$，因此零点也在所有的局部极小值点中，再从这些局部极小值点中区分出零点与非零点，即可得到方程的解。这两个步骤的具体过程如下所述。

2.2.1　寻找函数模的局部极小值点

考虑方程 $|f(x)|=0$ 具有图 2.1 的图像，讨论搜索 $|f(x)|$ 的局部极小值点。

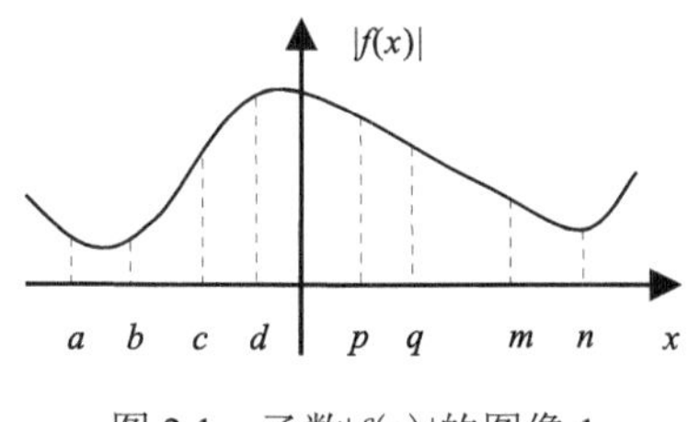

图 2.1　函数 $|f(x)|$ 的图像 1

在 x 轴上设置一个小的区间范围，如图 2.2 所示，用离散的节点把小区间分成几个小段并比较这些离散节点上 $|f(x)|$ 的值，找出最小值的节点位置。根据最小值节点的位置可以判断这个小区间内是否存在 $|f(x)|$ 的局部极小值点。如图 2.1 所示，当小区间为 $[c, d]$ 或 $[p, q]$ 时，可以发现此时具有最小值的节点处于区间的起始端点或者区间的终止端点，因此，这个区间内不存在函数模的局部极小值点。另

一方面，当小区间为$[a, b]$时，可以发现此时具有最小值的节点处于区间的内部而非端点处，这表明区间内存在函数模的局部极小值点。

此外，存在一个特殊情况，即局部极小值点恰好处于小区间的端点位置，如区间$[m, n]$。为了避免这种情况，当沿着 x 轴正向移动小区间来搜索所有的局部极小值点时，后一个区间和前一个区间必须部分重合，如图 2.2 所示，以保证前一个区间的终止端点落在后一个区间内部，同时后一个区间的起始端点也落在了前一个区间的内部。按照这种方式就可以找出指定范围内的所有局部极小值点。

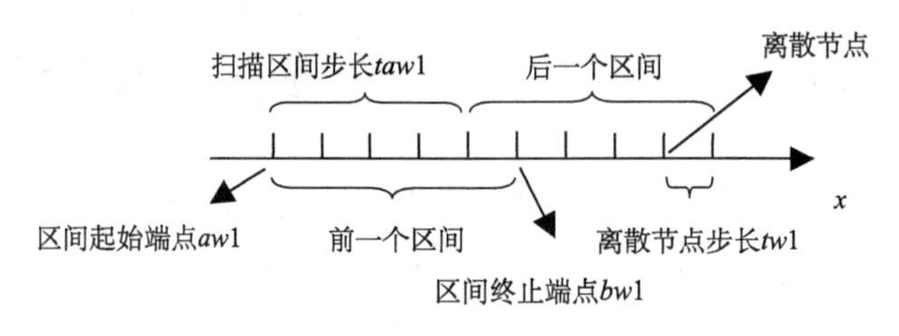

图 2.2　x 轴扫描示意图

这种快速粗略寻找局部极小值点的过程提高了算法的计算效率。本节的伪代码见附录。

2.2.2　从局部极小值点中区分出零点

由于$|f(x)|\geqslant 0$，$|f(x)|$的所有局部极小值点可以分为两类：非零局部极小值点和零点。如图 2.3 所示，函数$|f(x)|$在区间$[a, b]$内存在一个非零局部极小值点 c，而在区间$[d, e]$内存在一个零点 s。为了区分开这两者，首先需要得到局部极小值点的精确值。

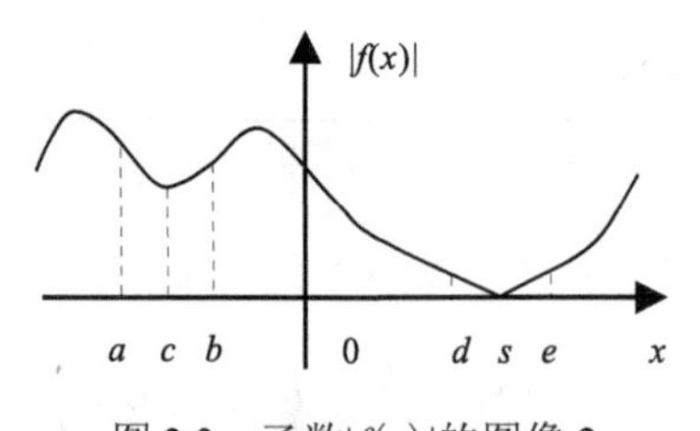

图 2.3　函数$|f(x)|$的图像 2

如图 2.4 所示，对于 x 轴上的任意小区间$[m, n]$，用离散的节点将该区间划分为几个小段。

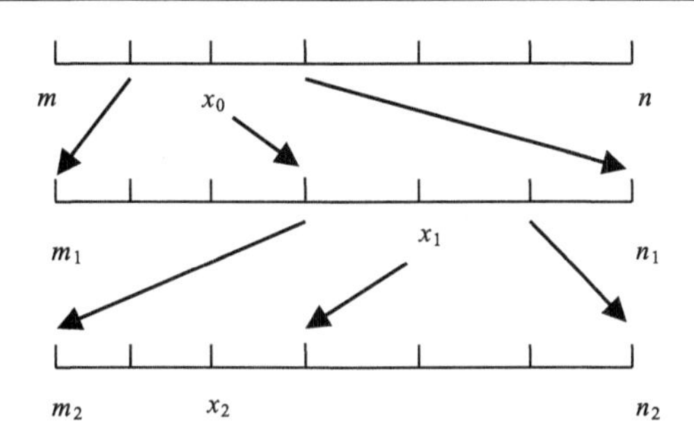

图 2.4　搜索函数$|f(x)|$的局部极小值点精确值的示意图

比较这些节点上的函数模值。若此区间具有局部极小值点，记为 x_0。由 2.2.1 节可知，x_0 一定不处于端点 m 和 n 上。将 x_0 左右两侧的邻近节点取出，组成新的小区间$[m_1, n_1]$。同样地取新的离散节点划分小区间$[m_1, n_1]$，并在新的节点中保留节点 x_0。比较新区间$[m_1, n_1]$中的离散节点的函数模，由于$|f(x_0)|<|f(m_1)|$且$|f(x_0)|<|f(n_1)|$，所以在新区间$[m_1, n_1]$中，具有最小模值的节点一定不处于端点 m_1 和 n_1 上，记该节点为 x_1，并且可得$|f(x_0)|\geqslant|f(x_1)|$。重复上述过程，可以得到一个数列 $x_0, x_1,\cdots, x_n$。该数列代表了区间$[m, n]$中的极小值点在不同精度下的值，结合函数$|f(x)|$的连续性可得如下关系：

$$
\begin{aligned}
&|f(x_0)|\geqslant|f(x_1)|\geqslant|f(x_2)|\geqslant\cdots\geqslant|f(\kappa)|\\
&\lim_{n\to\infty}|f(x_n)|=|f(\kappa)|\\
&\lim_{n\to\infty}x_n=\kappa
\end{aligned}
\tag{2.1}
$$

其中 κ 为区间$[m, n]$中极小值点的精确值。回顾图 2.3 中的两种局部极小值点。第一种是非零极小值点，如区间$[a, b]$中的点 c，最小模值$|f(c)|$是一个大于零的常数，由式(2.1)可得

$$
\begin{aligned}
&\lim_{n\to\infty}\frac{|f(x_0)|}{|f(x_n)|}=\frac{|f(x_0)|}{|f(c)|}\\
&\frac{|f(x_0)|}{|f(x_n)|}\leqslant\frac{|f(x_0)|}{|f(c)|}<\frac{T}{|f(c)|}
\end{aligned}
\tag{2.2}
$$

其中 T 是$|f(a)|$和$|f(b)|$中较小的那个值。因此，可以得到结论，如果一个局部极小值点是非零点，那么

$$
\frac{|f(x_0)|}{|f(x_n)|}<M \tag{2.3}
$$

其中 M 是一个有限大的正数。由于 x_0 和 x_n 很接近，因此$|f(x_0)|$和$|f(x_n)|$的量级也很相当，所以 M 的值不需要很大而且与$|f(x_0)|$的量级无关。

对于第二种局部极小值点为零点的情况，如区间$[d, e]$中的点 s，由于$|f(s)|=0$，由式(2.1)可得

$$\lim_{n\to\infty}\frac{|f(x_0)|}{|f(x_n)|}=\infty \tag{2.4}$$

在这种情况下，对于任意给定的正数 M，只要经过图 2.4 中几步迭代，就可以很快得到如下关系：

$$\frac{|f(x_0)|}{|f(x_n)|}>M \tag{2.5}$$

对比式(2.3)和式(2.5)，可以发现非零局部极小值点和零点两者附近的函数模的比值分别具有收敛性和发散性。利用这个性质，可以很好地从所有的局部极小值点中区分出方程$|f(x)|=0$ 的零点。本节的伪代码见附录。

2.3　求解频散方程的两种根搜索方式

在 2.2 节中求解单变量超越方程的过程同样可以应用于求解一般任意元超越方程(组)。类比 2.2.2 节，对于一个定义域为 p 维向量、值域为 q 维向量的分段连续函数 $f: R^p\to R^q$，可以通过判断模$|f(R^p)-R^q|$的比值的发散性和收敛性来区分非零极小值点和零点。此时的函数模可以定义为 q 维向量的 1 范数、2 范数、无穷范数等。

然而，求解一般任意元超越方程(组)的主要难点在于 2.2.1 节所述的寻找函数模的局部极小值点。2.2.1 节中采用了小区间来扫描整个 x 轴，这个过程无法简单类比到多元函数的求解上。选取合适的扫描单元对定义域 R^p 进行扫描是求解成功的关键。

由于频散方程是后续章节的主要求解对象，在详细阐述求解一般任意元超越方程(组)的扫描单元选取法则之前，作为一个特例，本节先讨论求解频散方程 $g(\omega, k)=0$，其中 ω 为频率，k 为传播方向的波数。对于波数 k 为纯实数或纯虚数的情况，频散方程 $g(\omega, k)=0$ 为一个二元方程，这将在 2.3.1 节中讨论。对于波数 k 为复数的情况，将 k 视为实部和虚部的组合，此时频散方程 $g(\omega, k)=0$ 为一个三元方程，这将在 2.3.2 节中讨论。

2.3.1　纯实、纯虚波数频散方程的求解

本小节讨论频散方程 $g(\omega, k)=0$ 中的波数 k 为纯实数或纯虚数的情况。首先

将 $g(\omega, k)=0$ 转化为$|g(\omega, k)|=0$。此时的频散方程为一个二元方程，对应的解(即频散曲线)为(ω, k)平面内的曲线。选择线单元对(ω, k)平面进行扫描，如图 2.5 所示。

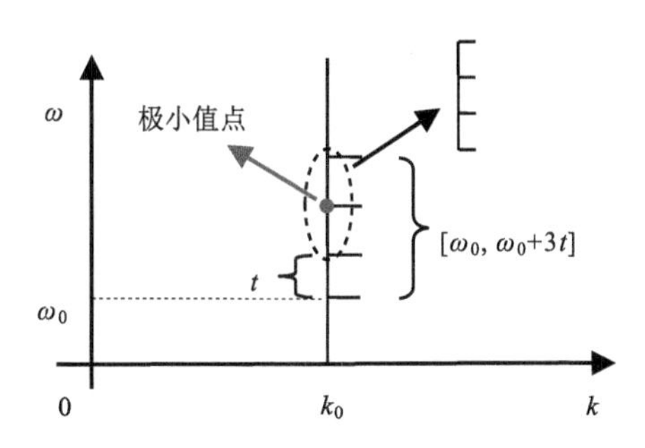

图 2.5　线单元扫描局部极小值点和进一步计算精确值

对于频率 ω 和波数 k，可以固定其中任意一个，并对另一个变量进行扫描搜索$|g(\omega, k)|$的局部极小值。不妨假设固定 $k=k_0$，方程变为$|f(\omega)|=|g(\omega, k)|=0$。此时可以按照 2.2.1 节中的求解单变量方程的过程来寻找直线 $k=k_0$ 上的局部极小值。若存在极小值，可以进一步细化小区间求解其精确值。当完成对 $k=k_0$ 的扫描后，可继续扫描 $k=k_0+\Delta k$ 等，直至遍历整个待求的(ω, k)平面。

2.3.2　复波数频散方程的求解

本小节讨论频散方程 $g(\omega, k)=0$ 中的波数 k 为复数$(a+\mathrm{i}b)$的情况。利用 $k=a+\mathrm{i}b$ 将 $g(\omega, k)=0$ 转化为$|f(\omega, a, b)|=|g(\omega, k)|=0$。此时的频散方程为一个三元方程，对应的解(即频散曲线)为三维空间(ω, a, b)内的空间曲线。在三维空间中为了与空间里的曲线相交，需选择面单元对(ω, a, b)进行扫描，如图 2.6 所示，固定 $\omega=\omega_0$，此时频散曲线在平面(a, b)内为一些离散的点。因此用一个小矩形区间(面单元)扫描平面(a, b)。与 2.2 节中图 2.2 类似，将小矩形网格化，计算节点上的函数模。当小矩形区间上的最小模值不处于矩形的外边界上，表明该矩形区间内存在着局部极小模值点。此时，类似图 2.4 进一步细化最小值节点附近的区域计算其精确值。本节的伪代码见附录。

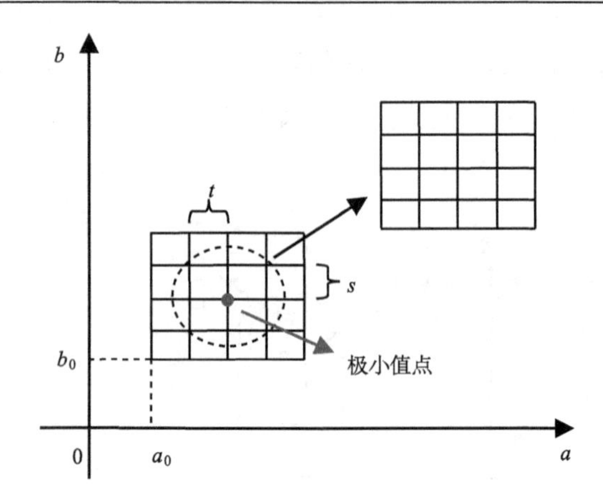

图 2.6　面单元扫描局部极小值点和进一步计算精确值

2.4　求解复数域一般任意元超越方程(组)的根搜索方式

对于一个任意元超越方程(组) $g(y_1, y_2,\cdots, y_m)=0$，将其中的复变量全部替换成实部加虚部之和，可以得到新的方程，设为 $f(x_1, x_2,\cdots, x_n)=0$，其中 x_i 均为实数。在 2.3 节中讨论的两类频散方程实际上为求解 $|f|=0$，其中 f 分别是 $R^2\to R^2$ 和 $R^3\to R^2$ 的函数，因为方程的未知量分别有 2 个和 3 个，而函数 f 的复数值可视为一个二维向量。可以发现需要选择不同的扫描单元来求解上述两类频散方程。这两种扫描单元的选择依据本质上相同，均为：当扫描单元足够小时，该单元与解能够有唯一的交点，参见图 1.6。基于这个选择依据，可以进一步得到任意元方程扫描单元的选择法则。

在此之前先引入解的维度的定义。本书中解的维度定义为：定位解上任意点所需的独立参数的数目。当求解具有 n 个未知量的超越方程(组) $|f(x_1, x_2,\cdots, x_n)|=0$ 时，若方程的解的维度为 m，那么需要选取 $n-m$ 维的扫描单元。通过一些简单的例子可以直观地说明这点：

$$f(x_1,x_2)=x_2-x_1^2=0 \tag{2.6}$$

式(2.6)的解为平面 (x_1, x_2) 内的抛物线，该抛物线上的任一点具有 (x_1, x_1^2) 的形式。当任意给定 x_1 的值，就可以确定解上相应的点 (x_1, x_1^2)。在这种情况下，解曲线上的点需要一个独立的参数来定位，因此解的维度为 1，同时该方程具有 2 个未知量，因此选择一维线单元扫描平面 (x_1, x_2)。

$$f(x_1, x_2, x_3) = x_1 + x_2 + x_3 - 1 = 0 \tag{2.7}$$

式(2.7)的解为空间(x_1, x_2, x_3)中的平面，该平面上任一点具有$(x_1, x_2, 1-x_1-x_2)$的形式。当任意给定x_1和x_2的值，就可以确定解上相应的点$(x_1, x_2, 1-x_1-x_2)$。即需要两个独立的参数来定位解上的点，因此解的维度为 2，同时该方程具有 3 个未知量，因此选择一维线单元扫描空间(x_1, x_2, x_3)。

对于一般的具有n个未知量的超越方程(组)$|f(x_1, x_2,\cdots, x_n)|=0$，若该方程(组)的解的维度为$m$，换言之，该方程可以得到如下关系：

$$\begin{aligned} x_{m+1} &= p_1(x_1, x_2, \cdots, x_m) \\ x_{m+2} &= p_2(x_1, x_2, \cdots, x_m) \\ &\cdots \\ x_n &= p_{n-m}(x_1, x_2, \cdots, x_m) \end{aligned} \tag{2.8}$$

其中$p_i(x_1, x_2,\cdots, x_m)$为单值或多值函数，且在一般情况下由于隐函数$f(x_1, x_2,\cdots, x_n)=0$，不存在$p_i$的解析表达式，这不同于式(2.6)和式(2.7)的简单情况。此时解上的任一点有如下形式：

$$(x_1, \cdots, x_m, p_1(x_1, x_2, \cdots, x_m), \cdots, p_{n-m}(x_1, x_2, \cdots, x_m)) \tag{2.9}$$

若给定前m个未知量，后$n-m$未知量的值也随方程$f(x_1, x_2,\cdots, x_n)=0$固定。此时，只需要在空间$(x_{m+1}, x_{m+2},\cdots, x_n)$中定位离散的点$(p_1(x_1, x_2,\cdots, x_m), p_2(x_1, x_2,\cdots, x_m),\cdots, p_{n-m}(x_1, x_2,\cdots, x_m))$。显然，需要和空间$(x_{m+1}, x_{m+2},\cdots, x_n)$同样维度的扫描单元来搜索极小值点，即扫描单元的维度为$n-m$，可表示为$[x_{m+1}, x_{m+1}+\Delta x_{m+1}]\times[x_{m+2}, x_{m+2}+\Delta x_{m+2}]\times\cdots\times[x_n, x_n+\Delta x_n]$。这样，当扫描单元足够小和扫描到合适位置时，能够定位空间$(x_{m+1}, x_{m+2},\cdots, x_n)$中的一个解。也就是说，当区间$[x_i, x_i+\Delta x_i]$足够小和扫描到合适位置时，只有一个$p_{i-m}(x_1, x_2,\cdots, x_m)$的值落在了该区间上，这里的$i$从$m+1$到$n$。

如果选取的扫描单元维度大于$n-m$，那么扫描单元和解的交点将不唯一。例如，对于形如式(2.9)的解，只固定前$m-1$个未知量(x_1到x_{m-1})，用$[x_m, x_m+\Delta x_m]\times[x_{m+1}, x_{m+1}+\Delta x_{m+1}]\times\cdots\times[x_n, x_n+\Delta x_n]$扫描空间$(x_m, x_{m+1},\cdots, x_n)$。事实上，每取小区间$[x_m, x_m+\Delta x_m]$上的一个离散节点都能定位方程的一个解$(x_m, p_1(x_1, x_2,\cdots, x_m),\cdots, p_{n-m}(x_1, x_2,\cdots, x_m))$。而只有模值最小的那个离散节点被认为是极小值点，因此最终得到的解会很稀疏，有很多解遗漏，如图 1.6(d)所示。

如果选取的扫描单元维度小于$n-m$，那么扫描单元和解将几乎不会有交点。例如，对于形如式(2.9)的解，固定$m+1$个未知量(x_1到x_{m+1})，用$[x_{m+2}, x_{m+2}+\Delta x_{m+2}]$

$\times[x_{m+3}, x_{m+3}+\Delta x_{m+3}]\times\cdots\times[x_n, x_n+\Delta x_n]$扫描空间$(x_{m+2}, x_{m+3},\cdots, x_n)$。事实上，当固定 x_{m+1} 时，几乎不可能恰巧将其取在 $p_1(x_1, x_2,\cdots, x_m)$ 的值上，因此最终得不到任何一个解，如图 1.6(b)所示。

直观上来看，零维解为空间$(x_1, x_2,\cdots, x_n)$中的离散的点，一维解为空间$(x_1, x_2,\cdots, x_n)$中的曲线$(x_1, p_1(x_1),\cdots, p_{n-1}(x_1))$，二维解为空间$(x_1, x_2,\cdots, x_n)$中的曲面$(x_1, x_2, p_1(x_1, x_2),\cdots, p_{n-2}(x_1, x_2))$等。一般在求解多元方程时，其解的形状是已知的。若其解的形状未知，可以采用高维扫描单元先获取一个稀疏的解来观察其维度。作为示例，图 2.7 列出了三元方程$|f(x_1, x_2, x_3)|=0$ 的几种解的形状与相应的扫描单元。可以发现 2.3.2 节中的复波数域频散方程对应图 2.7(b)的情况。

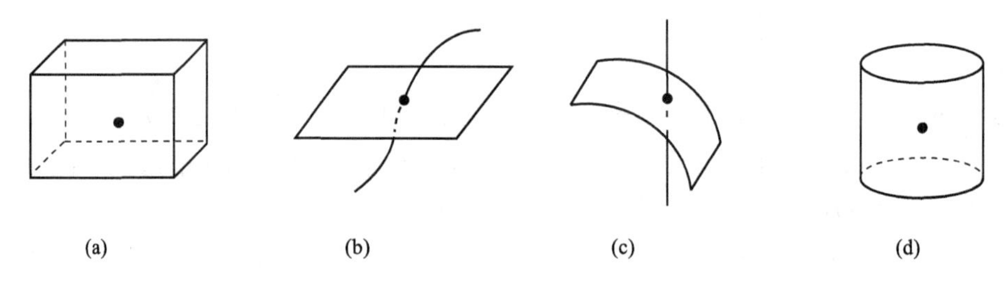

图 2.7 三元方程四种解的形状与相应的扫描单元

(a)立方扫描单元(3 维)与离散点状的解(0 维)；(b)面扫描单元(2 维)与曲线状的解(1 维)；(c)线扫描单元(1 维)与曲面状的解(2 维)；(d)点扫描单元(0 维)与立体状的解(3 维)

2.5 一些经典频散方程的计算算例

2.5.1 无限大压电板中的水平剪切(SH)波

无限大压电板中的水平剪切波最早由 Bleustein 研究[8]，其频散方程可分为对称模态和反对称模态。对称模态的频散方程为

$$\frac{\tan\left[\frac{\pi}{2}(\Omega^2-Z^2)^{\frac{1}{2}}\right]}{\tanh\left(\frac{\pi}{2}Z\right)}=\frac{-k^2Z}{(\Omega^2-Z^2)^{\frac{1}{2}}} \tag{2.10}$$

反对称模态的频散方程为

$$\frac{\tan\left[\frac{\pi}{2}(\Omega^2-Z^2)^{\frac{1}{2}}\right]}{\tanh\left(\frac{\pi}{2}Z\right)}=\frac{(\Omega^2-Z^2)^{\frac{1}{2}}}{k^2Z} \tag{2.11}$$

其中 Ω 为无量纲频率；Z 为无量波数，其具体的表达式及频散方程的推导过程参见文献[8]，这里不赘述，耦合因子 k 在文献[8]中计算时取值为 0.48。

利用本章提出的算法计算了无量纲复波数[0, 5i]×[0, 5]、无量纲频率[0, 10]范围内的结果，如图 2.8 所示。

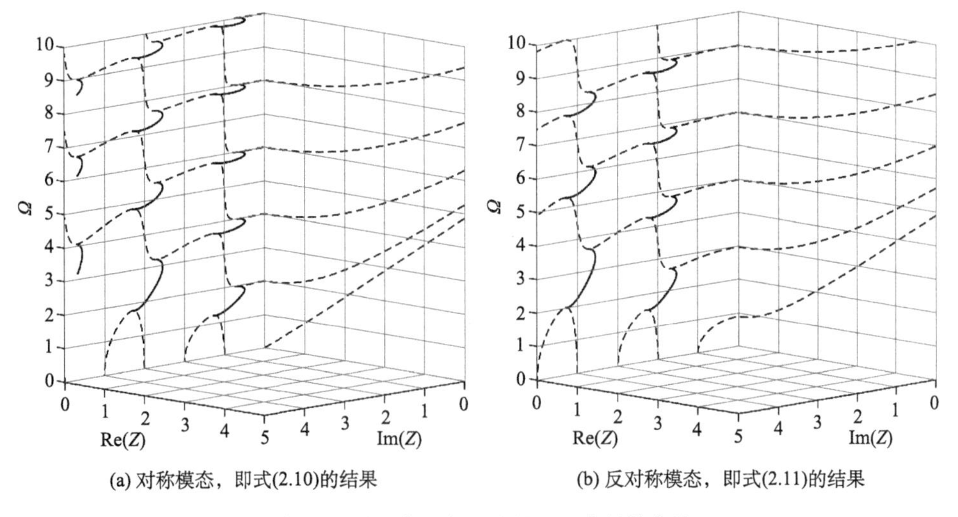

(a) 对称模态，即式(2.10)的结果　(b) 反对称模态，即式(2.11)的结果

图 2.8　无限大压电板中的 SH 波频散曲线

文献[8]给出了无量纲复波数[0, 3i]×[0, 3]、无量纲频率[0, 6]范围内反对称模态的计算结果，如图 2.9(a)所示。作为对比，图 2.9(b)中给出了由本章算法计算的相应范围内的结果。

对比图 2.9(a)和(b)，可以验证本章算法计算反对称模态结果的正确性。对于对称模态的频散曲线，文献[8]中没有给出图 2.8(a)那样的复波数域内空间曲线的结果，只给出了对称模态和反对称模态在纯虚、纯实波数时的平面曲线，如图 2.10(a)所示。相应范围内由本章算法计算的结果如图 2.10(b)所示，对比两个结果可以发现本章算法计算结果的正确性。

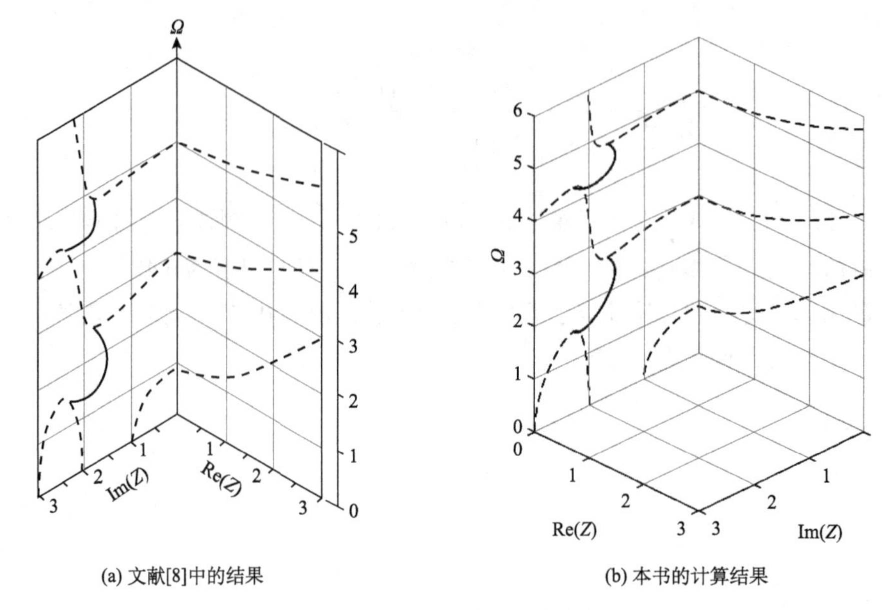

图 2.9　反对称模态频散曲线

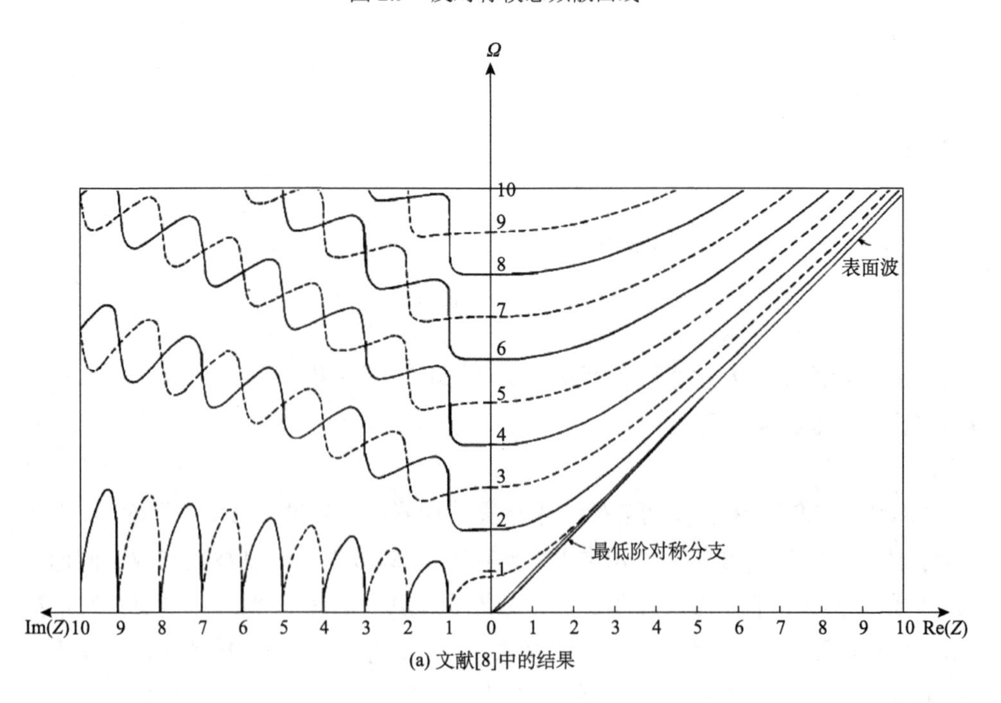

(a) 文献[8]中的结果

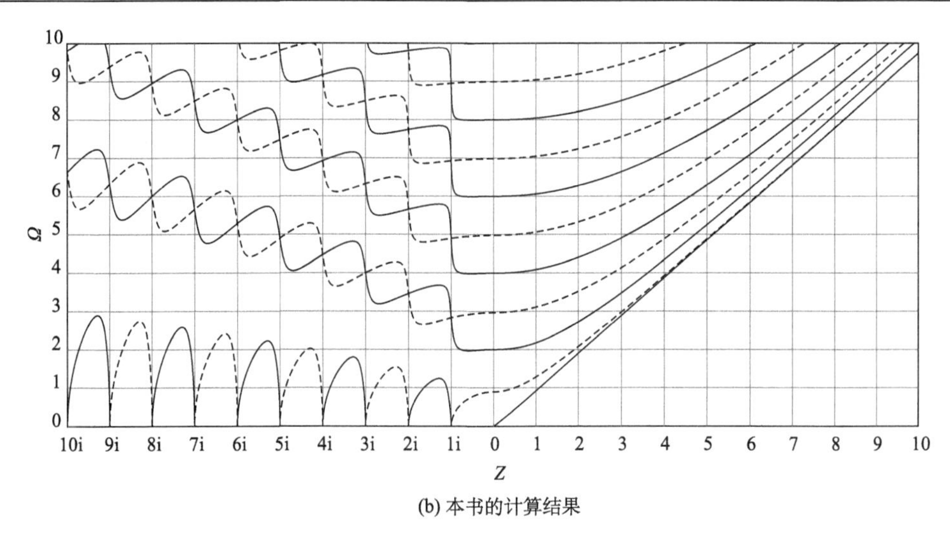

(b) 本书的计算结果

图 2.10　对称模态、反对称模态在纯虚、纯实波数时的平面曲线

2.5.2　各向同性单层板中的 Lamb 波

根据文献[1]，各向同性单层板中的 Lamb 波，其频散方程可以分为纵向模态

$$\frac{\tan\left[\frac{\pi}{2}(\Omega^2-\xi^2)^{\frac{1}{2}}\right]}{\tan\left[\frac{\pi}{2}(\Omega^2/\kappa^2-\xi^2)^{\frac{1}{2}}\right]}=-\frac{4\xi^2(\Omega^2/\kappa^2-\xi^2)^{\frac{1}{2}}(\Omega^2-\xi^2)^{\frac{1}{2}}}{(\Omega^2-2\xi^2)^2} \tag{2.12}$$

和弯曲模态

$$\frac{\tan\left[\frac{\pi}{2}(\Omega^2-\xi^2)^{\frac{1}{2}}\right]}{\tan\left[\frac{\pi}{2}(\Omega^2/\kappa^2-\xi^2)^{\frac{1}{2}}\right]}=-\frac{(\Omega^2-2\xi^2)^2}{4\xi^2(\Omega^2/\kappa^2-\xi^2)^{\frac{1}{2}}(\Omega^2-\xi^2)^{\frac{1}{2}}} \tag{2.13}$$

其中 Ω 为无量纲频率；ξ 为无量纲波数，其具体的表达式及频散方程的推导过程参见文献[1]，这里不赘述；系数 κ 定义为

$$\kappa=\left[\frac{2(1-\nu)}{1-2\nu}\right]^{\frac{1}{2}} \tag{2.14}$$

其中 ν 代表泊松比，ν 取值为 0.25，与文献[1]相同。利用本章提出的算法计算了无量纲复波数 $\pi\xi/2$ 范围[0, 8i]×[0, 8]、无量纲频率 $\pi\Omega/2$ 范围[0, 16]内的结果。计

算结果如图 2.11 所示。

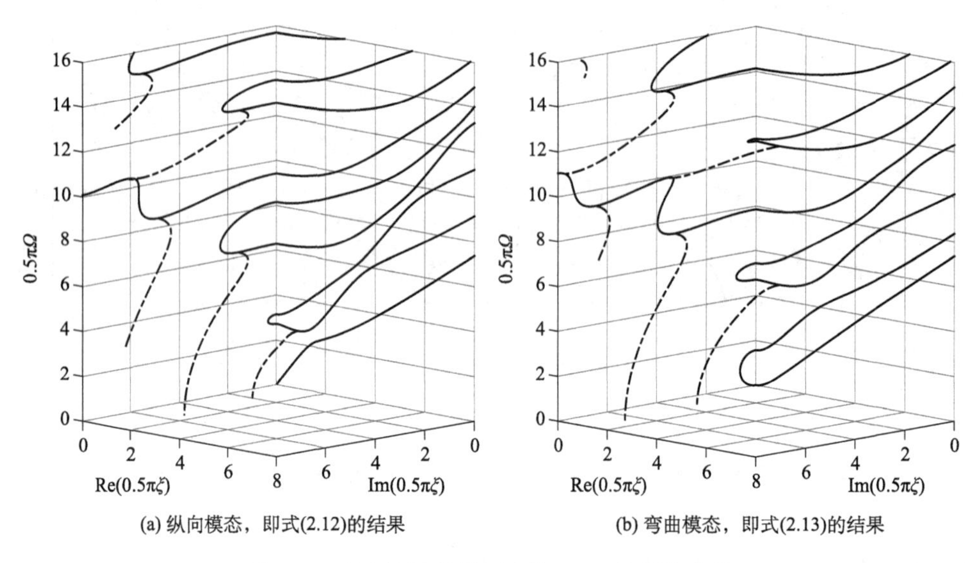

(a) 纵向模态，即式(2.12)的结果　　(b) 弯曲模态，即式(2.13)的结果

图 2.11　各向同性单层板中的 Lamb 波频散曲线

文献[1]中展示了纯实波数范围内的平面频散曲线，取出图 2.11 相应的部分与之对比。结果如图 2.12 和图 2.13 所示。

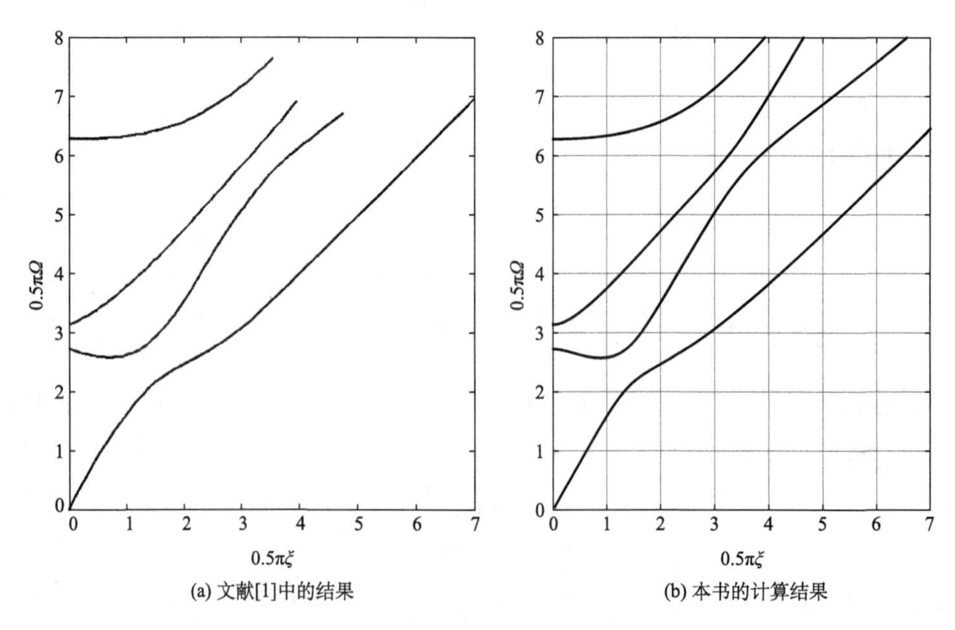

(a) 文献[1]中的结果　　(b) 本书的计算结果

图 2.12　纵向模态对比

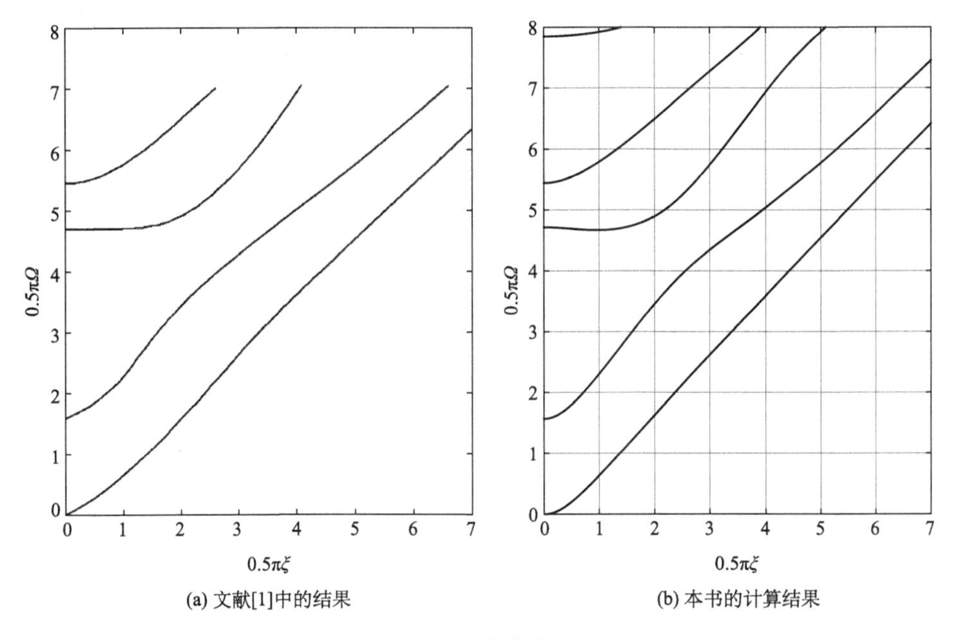

(a) 文献[1]中的结果　　(b) 本书的计算结果

图 2.13　弯曲模态对比

可以发现两种模态的结果均一致。对于空间中的曲线，文献[1]中给出了纵向模态最低阶空间曲线近似的趋势图，与本书结果对比如图 2.14 所示。

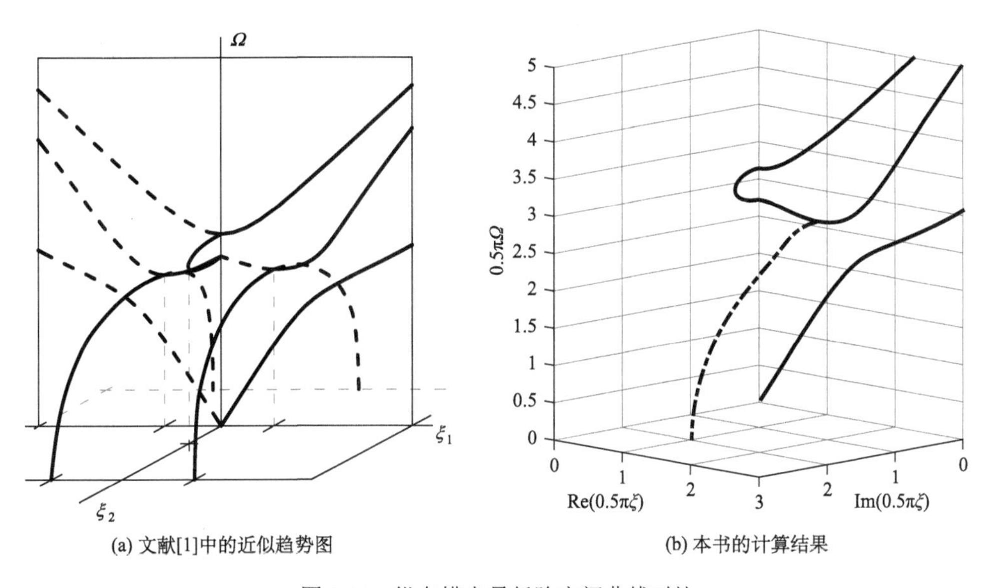

(a) 文献[1]中的近似趋势图　　(b) 本书的计算结果

图 2.14　纵向模态最低阶空间曲线对比

需要注意的是，图 2.14(a)给出的是趋势图，因此没有具体的坐标刻度，经观察对比发现，图 2.14(a)大致对应于图 2.11(a)中无量纲复波数 $\pi\xi/2$ 范围[0, 3i]×[0, 3]和无量纲频率 $\pi\Omega/2$ 范围[0, 5]内的结果，如图 2.14(b)所示。可以发现两者的趋势一致，由于频散曲线关于波数 ξ 的实部和虚部均是对称的，因此图 2.14(b)只画出了实部和虚部均大于零的部分。

2.5 节中的这两个算例均是频散方程可以表示为初等函数组合成的超越方程的形式，即式(2.10)～式(2.13)。文献中的求解方法是针对具体的方程表达式，讨论其不同范围内方程的极限形式，获得解的信息。例如 2.5 节 Lamb 波频散方程的极限形式讨论可见文献[9]。这种方法十分依赖方程的具体形式，过程烦琐，不具备普适性，且得到的结果有限。另外，对于较复杂的材料结构，由于特征多项式没有解析根式解，其频散方程是无法写成初等函数组合的形式的。而本章提出的算法具有很好的普适性，可以求解任意范围内的结果。在后续的章节中，本章的算法将被用来求解多种无法写出具体表达式的复杂频散方程。

2.6 本章小结

本章提出了一种计算超越方程的新算法，从介绍求解单变量方程到求解频散方程，再到求解一般任意元超越方程组的过程中，详细阐述了该算法的两大核心，即零点判别法则和根搜索扫描单元选取法则。

对于后续关注的频散方程，本章给出了用新算法求解的伪代码，包括在纯实、纯虚波数求解和在复波数域求解两类。利用该算法求解了两个经典的频散方程作为简单算例，即无限大压电板中的 SH 波和各向同性单层板中的 Lamb 波，得到的频散曲线与参考文献中的一致，并且范围更广泛全面。

本章提出的算法将在后续章节中用来求解压电复合结构、压电半导体结构、一般各向异性黏弹性单层及界面不完美的双层结构和微纳米尺度下具有表界面效应的层合结构中的波动频散方程。这些复杂材料结构中的工作均得益于该算法的普适高效。

参考文献

[1] Achenbach J. Wave Propagation in Elastic Solids. Netherlands: Elsevier, 2012.

[2] Honarvar F, Enjilela E, Sinclair A N. An alternative method for plotting dispersion curves. Ultrasonics, 2009, 49(1): 15-18.

[3] Shatalov M Y, Every A G, Yenwong-Fai A S. Analysis of non-axisymmetric wave propagation

in a homogeneous piezoelectric solid circular cylinder of transversely isotropic material. International Journal of Solids and Structures, 2009, 46(3-4): 837-850.

[4] Lowe M J S. Plate Waves for the NDT of Diffusion Bonded Titanium. London: Imperial College London, 1992.

[5] Lowe M, Pavlakovic B. DISPERSE User Manual. London: Imperial College London, 2013.

[6] Quintanilla F H, Fan Z, Lowe M, et al. Guided waves' dispersion curves in anisotropic viscoelastic single-and multi-layered media. Proceedings of the Royal Society A: Mathematical, Physical and Engineering Sciences, 2015, 471(2183): 20150268.

[7] Quintanilla F H, Lowe M, Craster R. Full 3D dispersion curve solutions for guided waves in generally anisotropic media. Journal of Sound and Vibration, 2016, 363: 545-559.

[8] Bleustein J L. Some simple modes of wave propagation in an infinite piezoelectric plate. Journal of the Acoustical Society of America, 1969, 45(3): 614-620.

[9] Potter D, Leedham C. Normalized numerical solutions for Rayleigh's frequency equation. Journal of the Acoustical Society of America, 1967, 41(1): 148-153.

第 3 章　薄膜体声波谐振器(FBAR)压电复合结构中的波动特性

3.1　引　　言

薄膜体声波谐振器(film bulk acoustic resonator, FBAR)作为频率控制和频率标准元件在现代通信系统中不可缺少。相较传统的介质谐振器和表声波谐振器，FBAR 具有小尺寸、高工作频率和易与集成电路兼容等优点。

为了更好地设计 FBAR，基于线性压电理论的数值建模是必要的，这将有助于清晰地揭示 FBAR 的基本工作规律，为其结构优化提供思路和方向。由于 FBAR 结构上的复杂性，从三维线性压电方程开始，对这类复合结构的直接求解是很困难的。现有的理论分析主要基于一维模型[1,2]，这可以描述谐振器的基础模态振动。然而对于有限大的真实器件，一维模型是不够的，它们不能描述有限尺寸引起的面内振动的改变和有限大模型边界反射引起的模态耦合效应。

一个可行的方式是借鉴 Mindlin 处理传统石英谐振器的二维板理论[3-7]。在此之前，需要详细研究在无限大结构中的体声波特性，这样就可以得到一个准确的标准来校准 FBAR 工作频率范围内的频散关系。另一个思路是直接基于无限结构中的精确频散曲线，利用弱边界条件模拟有限尺寸 FBAR 中的振动特性。无论采用哪种方法，无限结构中的精确频散关系都必不可少。

传统的石英谐振器结构为单层石英板上下覆盖有驱动电极。由于石英板的尺寸较大，其刚度足够，不需要额外的支撑层，同时，相较于石英板的较大厚度，驱动电极很薄，可视为附加惯性层而忽略其弹性效应。因此，传统的石英谐振器可视为一个单层板的结构。但 FBAR 为了获得更高的吉赫兹工作频率，其厚度较小，因此需要额外的衬底增加结构刚度。该衬底对整个结构振动特性的影响是不容忽视的，再考虑上驱动电极，FBAR 的构造是一个由电极、压电薄膜和支撑基底组成的压电复合“三明治”结构[1,2,8]。由于结构的复杂性，精确的频散关系也变得难以求解。因此，计算 FBAR 的无限大复合结构中的精确频散曲线、各阶模态频率及振型是本章的研究目标。

本章的后续内容安排为：在 3.2 节中，借鉴传统石英谐振器的处理方式，将电极简化为惯性层，即只考虑其质量惯性而忽略其弹性效应，研究了 FBAR 复合结构中的波动频散曲线。考虑到 FBAR 与石英谐振器的厚度差异，传统的惯性电极简化可能造成误差，因此在 3.3 节中进一步考虑了弹性电极模型，并与惯性电极模型对比，包括频散曲线、模态频率及振型。在 3.4 节中考察了介电损耗引起的谐振器中波的能量耗散特性。在 3.5 节进行了本章内容小结，并给出了基于本章工作，利用 Mindlin 二维板理论和基于变分法的弱边界条件两种方法研究有限尺寸 FBAR 的相关成果文献。

3.2 惯性电极薄膜体声波谐振器中的波动研究

FBAR 的典型结构有硅衬底反刻蚀型、空气隙型以及固态装配型[1,2,8-10]。前两种结构构造相似，如图 3.1 所示。

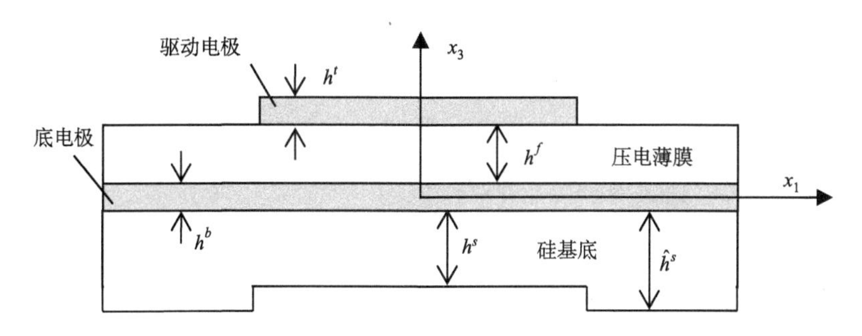

图 3.1 薄膜体声波谐振器(FBAR)结构示意图

图 3.1 从下往上依次为硅基底、底电极、压电薄膜和覆盖住部分薄膜的驱动电极。其中，压电薄膜一般为氧化锌或氮化铝，c 轴方向沿 x_3，本章研究以氧化锌为例。由于驱动电极部分覆盖在压电薄膜上，因此，该结构可以分为两个区域，即上表面有电极区域和上表面无电极区域，如图 3.2 所示。

单晶硅属于立方晶系，氧化锌属于六方晶系的 6mm 晶类，因此弹性常数 c_{rs}(r, s=1, 2,⋯, 6)、介电常数 ε_{ij}(i, j=1, 2, 3)、压电常数 e_{ir} 有如下形式(其中对于氧化锌 $c_{66}=(c_{11}-c_{12})/2$)：

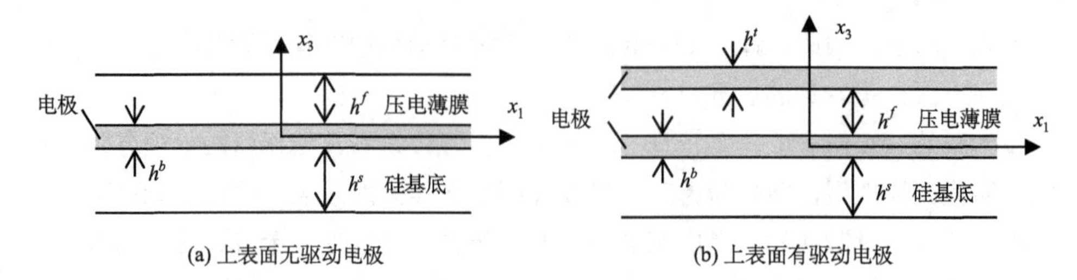

图 3.2　FBAR 的无限大复合结构模型

$$
\boldsymbol{c}_{rs(\mathrm{ZnO})}=\begin{bmatrix} c_{11} & c_{12} & c_{13} & 0 & 0 & 0 \\ c_{12} & c_{11} & c_{13} & 0 & 0 & 0 \\ c_{13} & c_{13} & c_{33} & 0 & 0 & 0 \\ 0 & 0 & 0 & c_{44} & 0 & 0 \\ 0 & 0 & 0 & 0 & c_{44} & 0 \\ 0 & 0 & 0 & 0 & 0 & c_{66} \end{bmatrix},\quad \boldsymbol{c}_{rs(\mathrm{Si})}=\begin{bmatrix} c_{11} & c_{12} & c_{12} & 0 & 0 & 0 \\ c_{12} & c_{11} & c_{12} & 0 & 0 & 0 \\ c_{12} & c_{12} & c_{11} & 0 & 0 & 0 \\ 0 & 0 & 0 & c_{44} & 0 & 0 \\ 0 & 0 & 0 & 0 & c_{44} & 0 \\ 0 & 0 & 0 & 0 & 0 & c_{44} \end{bmatrix}
$$

$$
\boldsymbol{e}_{ir(\mathrm{ZnO})}=\begin{bmatrix} 0 & 0 & 0 & 0 & e_{15} & 0 \\ 0 & 0 & 0 & e_{15} & 0 & 0 \\ e_{31} & e_{31} & e_{33} & 0 & 0 & 0 \end{bmatrix},\quad \boldsymbol{\varepsilon}_{ij(\mathrm{ZnO})}=\begin{bmatrix} \varepsilon_{11} & 0 & 0 \\ 0 & \varepsilon_{11} & 0 \\ 0 & 0 & \varepsilon_{33} \end{bmatrix} \tag{3.1}
$$

沿 x_1 方向传播的波可以分为平面应变波和反平面波。对于平面应变波，含有位移分量 u_1 和 u_3 以及电势 ϕ，且对 x_2 方向的偏导数为零，即$\partial/\partial x_2=0$。对于反平面波，只含有位移分量 u_2 且$\partial/\partial x_2=0$。这两种情况分别在 3.2.1 节和 3.2.3 节中讨论。

3.2.1　平面应变波频散方程的推导

对应于平面应变问题中压电层的控制方程为

$$
\begin{aligned} &\sigma_{11,1}+\sigma_{31,3}=\rho\ddot{u}_1 \\ &\sigma_{13,1}+\sigma_{33,3}=\rho\ddot{u}_3 \\ &D_{1,1}+D_{3,3}=0 \end{aligned} \tag{3.2}
$$

其中 ρ 为质量密度；u_i 为位移矢量；σ_{ij} 为应力张量；D_i 为电位移矢量；逗号紧跟一个下标表示对该下标代表的坐标偏导数；一个圆点上标表示对时间的一次偏导 $\partial/\partial t$。

压电层的本构方程为

$$
\begin{aligned}
&\sigma_{11} = c_{11}u_{1,1} + c_{13}u_{3,3} + e_{31}\phi_{,3} \\
&\sigma_{33} = c_{13}u_{1,1} + c_{33}u_{3,3} + e_{33}\phi_{,3} \\
&\sigma_{31} = c_{44}(u_{3,1} + u_{1,3}) + e_{15}\phi_{,1} \\
&D_1 = e_{15}(u_{3,1} + u_{1,3}) - \varepsilon_{11}\phi_{,1} \\
&D_3 = e_{31}u_{1,1} + e_{33}u_{3,3} - \varepsilon_{33}\phi_{,3}
\end{aligned}
\tag{3.3}
$$

将式(3.3)代入式(3.2)可得

$$
\begin{aligned}
&c_{11}u_{1,11} + c_{44}u_{1,33} + (c_{13} + c_{44})u_{3,13} + (e_{31} + e_{15})\phi_{,13} = \rho\ddot{u}_1 \\
&c_{44}u_{3,11} + c_{33}u_{3,33} + (c_{44} + c_{13})u_{1,31} + e_{15}\varphi_{,11} + e_{33}\phi_{,33} = \rho\ddot{u}_3 \\
&(e_{15} + e_{31})u_{1,13} + e_{15}u_{3,11} + e_{33}u_{3,33} - \varepsilon_{11}\varphi_{,11} - \varepsilon_{33}\phi_{,33} = 0
\end{aligned}
\tag{3.4}
$$

考虑式(3.4)的简谐解，如下所示：

$$
\begin{aligned}
&u_1 = A\exp(k_3x_3)\cos(k_1x_1)\exp(-\mathrm{i}\omega t) \\
&u_3 = B\exp(k_3x_3)\sin(k_1x_1)\exp(-\mathrm{i}\omega t) \\
&\phi = C\exp(k_3x_3)\sin(k_1x_1)\exp(-\mathrm{i}\omega t)
\end{aligned}
\tag{3.5}
$$

其中 k_1、k_3 分别是 x_1、x_3 方向的波数；ω 是圆频率；A、B、C 是待定的系数。代入式(3.4)可得 A、B、C 的 3 个齐次线性方程组成的方程组，为了得到 A、B、C 的非平凡解，该方程组的系数矩阵行列式为零，由此可得一个 6 次多项式方程，方程的根为 6 个 $k_3(m)(\omega, k_1)$，其中 $m=1, 2,\cdots, 6$。由这 6 个根的线性组合可得满足式(3.4)的简谐解为

$$
\begin{aligned}
&u_1 = \sum_{m=1}^{6} A(m)\exp[k_3(m)x_3]\cos(k_1x_1)\exp(-\mathrm{i}\omega t) \\
&u_3 = \sum_{m=1}^{6} A(m)\alpha(m)\exp[k_3(m)x_3]\sin(k_1x_1)\exp(-\mathrm{i}\omega t) \\
&\phi = \sum_{m=1}^{6} A(m)\beta(m)\exp[k_3(m)x_3]\sin(k_1x_1)\exp(-\mathrm{i}\omega t)
\end{aligned}
\tag{3.6}
$$

其中 α、β 是待定系数的比值，即 $A(m):B(m):C(m)=1:\alpha(m):\beta(m)$。

类似地，对于弹性支撑层，其材料为立方晶格的硅，由位移分量表示的控制方程为

$$
\begin{aligned}
&c_{11}^s u_{1,11} + c_{44}^s u_{1,33} + (c_{13}^s + c_{44}^s)u_{3,13} = \rho^s\ddot{u}_1 \\
&c_{44}^s u_{3,11} + c_{33}^s u_{3,33} + (c_{44}^s + c_{13}^s)u_{1,31} = \rho^s\ddot{u}_3
\end{aligned}
\tag{3.7}
$$

其中上标 s 表示硅层的相应物理量，与压电层区分开。相应地满足式(3.7)的简谐解可表示为

$$
\begin{aligned}
u_1 &= \sum_{n=1}^{4} F(n)\exp[k_3^s(n)x_3]\cos(k_1x_1)\exp(-\mathrm{i}\omega t) \\
u_3 &= \sum_{n=1}^{4} F(n)\gamma(n)\exp[k_3^s(n)x_3]\sin(k_1x_1)\exp(-\mathrm{i}\omega t)
\end{aligned} \tag{3.8}
$$

其中 k_3^s 为硅基底中 x_3 方向的波数；$F(n)$ 为 4 个待定系数；$\gamma(n)$ 为该层位移 u_3 和 u_1 的幅值比。

现在进一步考察层与层之间的连续性条件和最外层的边界条件。如图 3.2 所示，复合结构的上表面 $x_3=h^f$ 为应力自由边界，对于上表面无电极的模型，即图 3.2(a)，考虑电学开路，边界条件为

$$
\begin{aligned}
\sigma_{31}(h^f) &= 0 \\
\sigma_{33}(h^f) &= 0 \\
D_3(h^f) &= 0
\end{aligned} \tag{3.9}
$$

这里的开路电学边界做了简化，忽略了空间电场[11]。对于覆盖电极的模型，即图 3.2(b)，除了电学边界条件变为短路，需要额外考虑电极的惯性，边界条件为

$$
\begin{aligned}
-\sigma_{31}(h^f) &= \rho^t h^t \ddot{u}_1(h^f) \\
-\sigma_{33}(h^f) &= \rho^t h^t \ddot{u}_3(h^f) \\
\phi(h^f) &= 0
\end{aligned} \tag{3.10}
$$

其中 ρ^t、h^t 为上电极的密度和厚度，如图 3.2(b) 所示。

在氧化锌压电板和硅基底之间(即 $x_3=0$)为连续性条件，但由于惯性底电极存在，连续性条件为

$$
\begin{aligned}
&u_1(0^+) = u_1(0^-), \quad u_3(0^+) = u_3(0^-), \quad \phi(0^+) = 0 \\
&\sigma_{31}(0^+) - \sigma_{31}(0^-) = \rho^b h^b \ddot{u}_1(0) \\
&\sigma_{33}(0^+) - \sigma_{33}(0^-) = \rho^b h^b \ddot{u}_3(0)
\end{aligned} \tag{3.11}
$$

其中 ρ^b、h^b 为底电极的密度和厚度，如图 3.2 所示。

在硅基底的下表面，即 $x_3=-h^s$，应力自由边界条件为

$$
\begin{aligned}
\sigma_{31}(-h^s) &= 0 \\
\sigma_{33}(-h^s) &= 0
\end{aligned} \tag{3.12}
$$

因此，对于惯性电极模型，无论上表面是否覆盖电极，总共的连续性条件和边界条件均有 10 个，分别为式(3.9)、式(3.11)和式(3.12)对应于没有上电极的模型，式(3.10)、式(3.11)和式(3.12)对应于有上电极的模型。而如果考虑了电极的弹性效应，情况会比这要复杂得多，详情请参考 3.4 节。将式(3.6)和式(3.8)分别

代入这两类10个连续性条件和边界条件。可以得到6个$A(m)$、4个$F(n)$的总计10个齐次线性方程，对于非平凡解，$A(m)$和$F(n)$的系数矩阵行列式为零，即为频散方程。

在实际的应用中，FBAR厚度为数十微米的量级，计算图3.2的尺寸参数如下：

$$\begin{aligned} &h^f = 15\times10^{-6}\text{m},\ h^s = 5\times10^{-6}\text{m},\ h^b = 2\times10^{-7}\text{m} \\ &R = \rho^t h^t / (\rho_{\text{ZnO}} h^f) = 0.01, \quad \rho^b = 19300\text{kg/m}^3 \end{aligned} \tag{3.13}$$

对于上电极和底电极，由于只考虑其惯性，在式(3.10)和式(3.11)中只需其厚度与密度的乘积即可，而无须知道具体的厚度与密度值，因此在式(3.13)中，只给出了上电极和氧化锌层的厚度与密度乘积的比值R。由于在图3.2(b)中，上电极完全覆盖在氧化锌上，两者的底面积相同，因此，厚度与密度乘积的比值R代表着两层的质量比。

所有材料参数的具体数值，即硅的弹性常数、氧化锌的弹性常数、压电常数和介电常数见文献[12]，这里不再一一单独列出。为了避免计算中材料常数和尺寸间的过大量级差异，采取了如下的无量纲化：

$$\begin{aligned} &c'_{ij} = c_{ij} / c_{44}, \quad A' = A, \quad k'_1 = k_1 \times (h^f + h^s) \\ &e'_{ij} = e_{ij} / (c_{44}\varepsilon_{33})^{\frac{1}{2}}, \quad B' = B, \quad k'_3 = k_3 \times (h^f + h^s) \\ &\varepsilon'_{ij} = \varepsilon_{ij} / \varepsilon_{33}, \quad F' = F, \quad k_3^{s\prime} = k_3^s \times (h^f + h^s) \\ &\rho' = \rho / \rho_{\text{ZnO}}, \quad G' = G, \quad h' = h / (h^f + h^s) \\ &C' = C \times (\varepsilon_{33} / c_{44})^{\frac{1}{2}}, \quad \omega' = \omega \times (\rho_{\text{ZnO}} / c_{44})^{\frac{1}{2}} (h^f + h^s) \end{aligned} \tag{3.14}$$

其中上标 ′ 表示无量纲参数。

3.2.2　平面应变波的频散曲线结果

这里用第2章的方法计算了两种模型的频散曲线，如图3.3和图3.4所示。

图3.3和图3.4中结果的范围是纯虚波数[0, 10i]、纯实波数[0, 10]和频率[0, 25]。这里的波数和频率均是无量纲的值，实际的频率在兆赫兹范围内，可由式(3.14)计算出。在图3.3和图3.4中的频散曲线包括两种走势，第一种是随着波数从实数变为纯虚数，频率趋于零。第二种是U形曲线，频率没有降低到零，实际上这类曲线和图2.11中的结果类似，曲线会在群速度为零(即$\mathrm{d}\omega/\mathrm{d}k=0$)的地方延伸到复波数空间中。

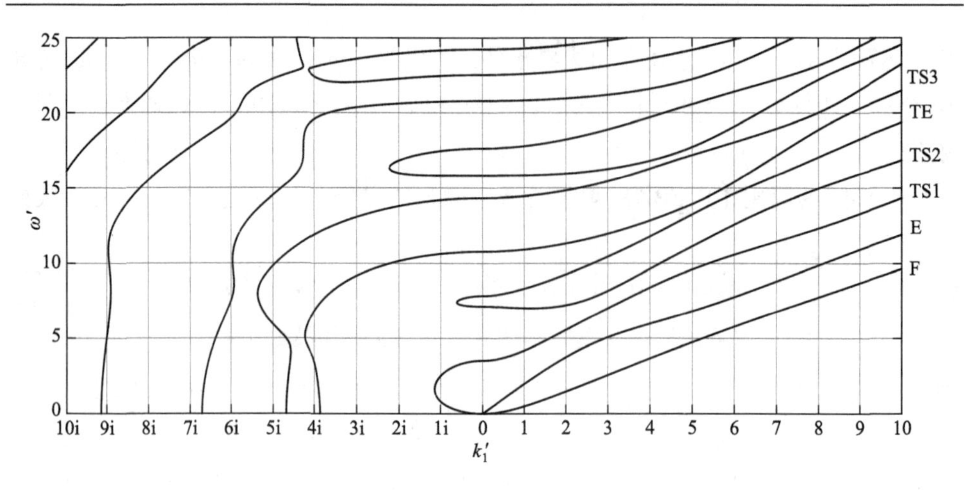

图 3.3　压电层上表面有驱动电极模型(R=0.01)的频散曲线

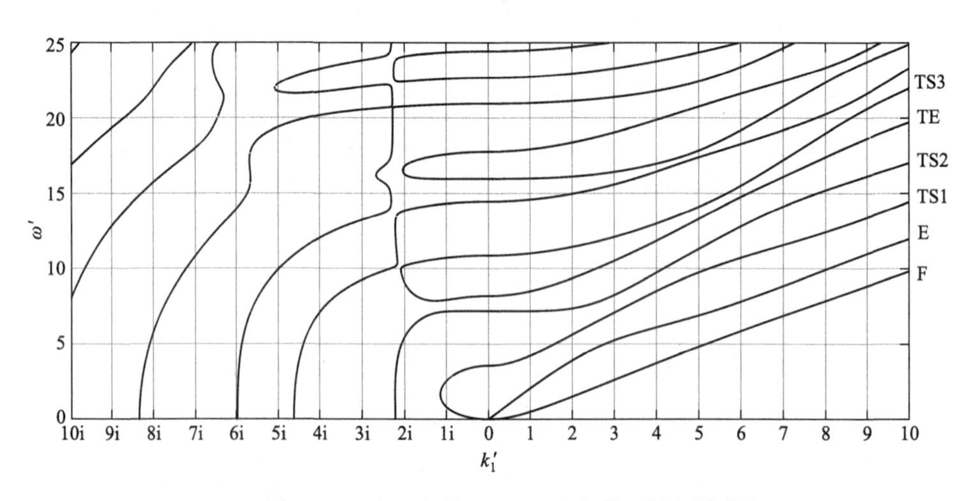

图 3.4　压电层上表面无驱动电极模型的频散曲线

可以发现图 3.3 和图 3.4 中的频散曲线在虚部差异很大，而在纯实波数范围内类似。同时经过计算发现，这些实波数对应的频散曲线具有相同的振型。其中按照频率从低到高，前 6 阶的频散曲线的振型分别为弯曲模态(F)、拉伸模态(E)、一阶厚度剪切模态(TS1)、二阶厚度剪切模态(TS2)、厚度拉伸模态(TE)、三阶厚度剪切模态(TS3)。经过后续计算对比，惯性电极与弹性电极模型的振型一致，因此详细的振型分布将在 3.3 节中给出，这里不再赘述。值得注意的是，这里的结果是针对氧化锌压电薄膜，对于不同的压电材料，振型的分布顺序可能会发生改变，例如，按照本章的方法计算常用的氮化铝压电薄膜，发现在氮化铝组成的复合结构中，厚度拉伸模态(TE)是在二阶厚度剪切模态(TS2)之下，与图 3.3 和

图 3.4 中的结果对比，两者交换了顺序。

除了振型，各阶频散曲线的截止频率(即波数为零时的频率值)也是后续有限大模型研究的重要基础。在表 3.1 中列出了 20 以内两种模型的无量纲截止频率的值。可以发现上表面没有驱动电极的模型截止频率稍高于上表面覆盖电极的模型。这是因为电极增加了结构质量，造成了频率降低。

表 3.1　两种模型无量纲截止频率对比

模型/模态	1&2	3	4	5	6	7	8	9
有上电极	0	3.53	7.13	7.83	10.78	14.34	15.86	17.65
无上电极	0	3.56	7.19	8.20	10.87	14.46	15.97	17.78

式(3.13)中采用了质量比 R=0.01，而质量比改变，整个复合结构的频散曲线也会变化。特别是在 FBAR 中，由于薄膜很薄，驱动电极对结构频率的影响更明显。在图 3.5 中计算了 3 种质量比的频散曲线，分别为 R=0.01、0.05 和 0.1。为了更好地观察三者的差异，图 3.5 中只画出了前 6 阶模态在纯虚波数[0, 3i]、纯实波数[0, 3]和频率[0, 12]范围内的结果。可以发现，不同质量比不改变频散曲线的走势，但改变了相应曲线的频率。质量比越大，各阶曲线的频率越低，且高阶曲线的频率改变更加明显。

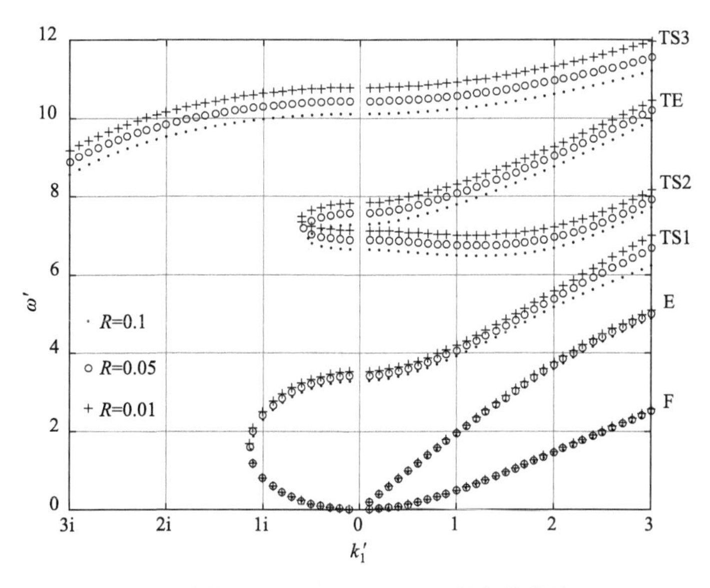

图 3.5　质量比 R=0.1、0.05 和 0.01 的频散曲线对比

由于 FBAR 一般以厚度拉伸模态为工作模态，在表 3.2 单独列出了不同质量比下，厚度拉伸模态截止频率的变化。可以发现不同的质量比对 FBAR 工作模态(即厚度拉伸模态)的截止频率影响显著。表明了可以通过控制质量比对 FBAR 的谐振频率进行调节。

表 3.2　不同质量比下厚度拉伸模态的截止频率

质量比 R	0.002	0.005	0.008	0.01	0.02	0.05
频率	7.88909	7.86863	7.84829	7.83481	7.76820	7.57698

3.2.3　反平面剪切波

本小节研究图 3.2 所示结构中的反平面波，即 $u_1=u_3=0$，$u_2=u_2(x_1, x_3, t)$，$\phi=\phi(x_1, x_3, t)$。相应的控制方程为

$$\begin{aligned}&\sigma_{11,1}+\sigma_{21,2}+\sigma_{31,3}=0\\&\sigma_{12,1}+\sigma_{22,2}+\sigma_{32,3}=\rho\ddot{u}_2\\&\sigma_{13,1}+\sigma_{23,2}+\sigma_{33,3}=0\\&D_{1,1}+D_{2,2}+D_{3,3}=0\end{aligned}\tag{3.15}$$

其中各参数含义与式(3.2)相同。相应的本构方程为

$$\begin{aligned}&\sigma_{11}=e_{31}\phi_{,3},\quad \sigma_{22}=e_{31}\phi_{,3},\quad \sigma_{33}=e_{33}\phi_{,3}\\&\sigma_{23}=c_{44}u_{2,3},\quad \sigma_{31}=e_{15}\phi_{,1},\quad \sigma_{12}=c_{66}u_{2,1}\\&D_1=-\varepsilon_{11}\phi_{,1},\quad D_2=e_{15}u_{2,3},\quad D_3=-\varepsilon_{33}\phi_{,3}\end{aligned}\tag{3.16}$$

将式(3.16)代入式(3.15)中可得

$$\begin{aligned}&c_{66}u_{2,11}+c_{44}u_{2,33}=\rho\ddot{u}_2\\&(e_{31}+e_{15})\phi_{,13}=0\\&e_{15}\phi_{,11}+e_{33}\phi_{,33}=0\\&-\varepsilon_{11}\phi_{,11}-\varepsilon_{33}\phi_{,33}=0\end{aligned}\tag{3.17}$$

式(3.17)中位移 u_2 与电势 ϕ 互相解耦，且由式(3.17)中的后三项可得 $\phi_{,11}=\phi_{,33}=\phi_{,13}=0$。满足这个条件的电势一般解为 $\phi=ax_1+bx_3+c$。而由第一项可得位移的解为

$$u_2=\{A(1)\exp[k_3(1)x_3]+A(2)\exp[k_3(2)x_3]\}\exp[\mathrm{i}(k_1x_1-\omega t)]\tag{3.18}$$

其中 $A(1)$ 和 $A(2)$ 为待定系数，$k_3(1)$ 和 $k_3(2)$ 表达式如下：

$$k_3(1)=\left(\frac{\rho\omega^2-c_{66}k_1^2}{c_{44}}\right)^{\frac{1}{2}}\mathrm{i}$$
$$k_3(2)=-\left(\frac{\rho\omega^2-c_{66}k_1^2}{c_{44}}\right)^{\frac{1}{2}}\mathrm{i} \tag{3.19}$$

类似地，对于硅基底可以得到位移表示的控制方程为

$$c_{66}^s u_{2,11}+c_{44}^s u_{2,33}=\rho^s\ddot{u}_2 \tag{3.20}$$

其中各参数含义与式(3.7)相同。可得位移解为

$$u_2=\{B(1)\exp[\bar{k}_3(1)x_3]+B(2)\exp[\bar{k}_3(2)x_3]\}\exp[\mathrm{i}(k_1x_1-\omega t)] \tag{3.21}$$

其中 $B(1)$ 和 $B(2)$ 为待定系数，且

$$\bar{k}_3(1)=\left(\frac{\rho^s\omega^2-c_{66}^s k_1^2}{c_{44}^s}\right)^{\frac{1}{2}}\mathrm{i}$$
$$\bar{k}_3(2)=-\left(\frac{\rho^s\omega^2-c_{66}^s k_1^2}{c_{44}^s}\right)^{\frac{1}{2}}\mathrm{i} \tag{3.22}$$

现在，进一步考察层与层之间的连续性条件和最外层的边界条件。首先单独考虑电学边界条件，无上电极模型的电学开路边界为 $D_3(x_3=h^f)=0$，而有上电极模型的电学短路边界为 $\phi(x_3=h^f)=0$，两者在底电极处均有 $\phi(x_3=0)=0$，结合式(3.17)得到的电势一般解 $\phi=ax_1+bx_3+c$ 和式(3.16)中 $D_3=-\varepsilon_{33}\phi_{,3}$ 可得，无论有无上电极，电势 $\phi(x_3)=0$。这表明图 3.2 的结构中，反平面波 $u_2=u_2(x_1, x_3, t)$ 没有压电效应，只是纯弹性波。实际上，由于这里考虑的反平面问题中，位移 u_2 不是沿着极化方向 x_3，因此力电解耦了。在此情况下，式(3.16)中非零应力只有 σ_{23} 和 σ_{21}，进而有上电极模型的总的边界条件和连续性条件为

$$\begin{aligned}&\sigma_{32}(h^f)=\rho^t h^t\ddot{u}_2(h^f), \qquad u_2(0^+)=u_2(0^-)\\&\sigma_{32}(-h^s)=0, \quad \sigma_{32}(0^+)-\sigma_{32}(0^-)=\rho^b h^b\ddot{u}_2(0)\end{aligned} \tag{3.23}$$

而对无上电极模型的电学短路，上表面为应力自由，即

$$\begin{aligned}&\sigma_{32}(h^f)=0, \qquad u_2(0^+)=u_2(0^-)\\&\sigma_{32}(-h^s)=0, \quad \sigma_{32}(0^+)-\sigma_{32}(0^-)=\rho^b h^b\ddot{u}_2(0)\end{aligned} \tag{3.24}$$

将式(3.18)和式(3.21)代入式(3.23)和式(3.24)中，可得 4 个待定系数 $A(1)$、$A(2)$、$B(1)$和 $B(2)$的齐次线性方程，为了得到非零解，系数行列式为零，即为最终的频散方程。采用式(3.13)的参数和式(3.14)的无量纲方式，最终计算的频

散曲线如图 3.6 所示。

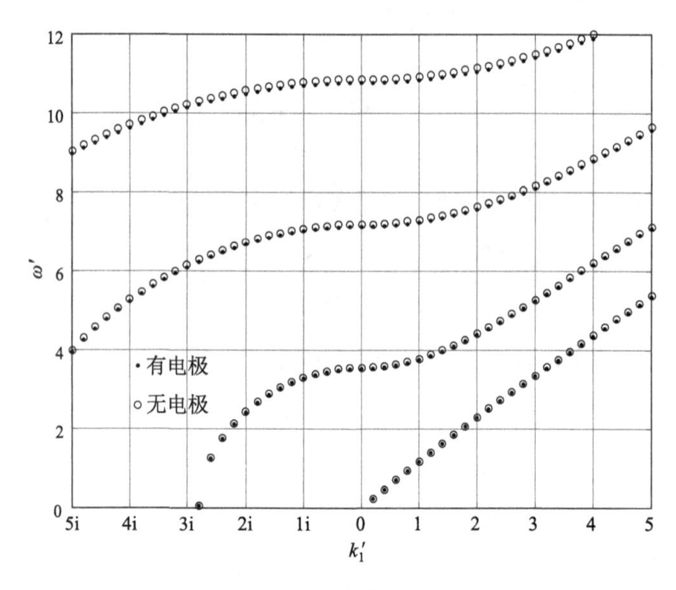

图 3.6　压电层上表面有、无驱动电极的反平面波频散曲线对比

由于此时压电板中的反平面波退化为纯弹性波，有无上电极的频散曲线趋势一致。唯一的差异是由于有上电极的模型惯性较大，因而频率较低。而压电材料中具有力电耦合效应的反平面剪切波将在第 5 章压电半导体材料的讨论中详细研究。

3.3　弹性电极薄膜体声波谐振器中的波动研究

在 3.2 节的基础上，本节进一步考虑电极的弹性效应。相较于惯性电极的 FBAR 模型，当将电极视为弹性层时，上表面没有驱动电极的模型图 3.2(a) 为一个三层复合模型，而上表面覆盖驱动电极的模型图 3.2(b) 为一个四层复合模型。两者均比 3.2 节中考虑的两层惯性电极模型复杂。由 3.2.3 节可知，反平面波退化为纯弹性波，因此这里只考虑平面应变波，不再讨论反平面波。

3.3.1　弹性电极模型中的频散方程推导

相较于 3.2.1 节，当考虑弹性电极层时，压电薄膜层和硅基底中波的一般形式保持不变，仍为式(3.6)和式(3.8)。除此以外，电极层中也存在着波，且由于电极材料为立方晶格的单晶金属，因此电极中波的一般形式与硅基底中的一致。

上电极的解表示为

$$u_1=\sum_{n=1}^{4}H(n)\exp[k_3^t(n)x_3]\cos(k_1x_1)\exp(-\mathrm{i}\omega t)$$
$$u_3=\sum_{n=1}^{4}H(n)\kappa(n)\exp[k_3^t(n)x_3]\sin(k_1x_1)\exp(-\mathrm{i}\omega t) \tag{3.25}$$

其中 $k_3{}^t$ 为上电极中 x_3 方向的波数；$H(n)$ 为 4 个待定系数；$\kappa(n)$ 为该层位移 u_3 和 u_1 的幅值比。

下电极的解表示为

$$u_1=\sum_{n=1}^{4}J(n)\exp[k_3^b(n)x_3]\cos(k_1x_1)\exp(-\mathrm{i}\omega t)$$
$$u_3=\sum_{n=1}^{4}J(n)\eta(n)\exp[k_3^b(n)x_3]\sin(k_1x_1)\exp(-\mathrm{i}\omega t) \tag{3.26}$$

其中 $k_3{}^b$ 为下电极中 x_3 方向的波数；$J(n)$ 为 4 个待定系数；$\eta(n)$ 为该层位移 u_3 和 u_1 的幅值比。

相较于惯性电极模型，弹性电极模型中不再有惯性项，但由于弹性电极层的引入，连续性条件将增多。式(3.9)～式(3.12)的边界条件和连续性条件此时可表示为如下形式。对于上表面有驱动电极的模型图 3.2(b)：在驱动电极上表面 $x_3=h^t+h^f+h^b/2$ 处有应力自由边界

$$\sigma_{31}(h^t+h^f+h^b/2)=0,\ \sigma_{33}(h^t+h^f+h^b/2)=0 \tag{3.27}$$

在驱动电极和压电薄膜之间 $x_3=h^f+h^b/2$ 处有

$$u_1(h^b/2+h^f)^+=u_1(h^b/2+h^f)^-,\quad u_3(h^b/2+h^f)^+=u_3(h^b/2+h^f)^-$$
$$\sigma_{31}(h^b/2+h^f)^+=\sigma_{31}(h^b/2+h^f)^-,\ \sigma_{33}(h^b/2+h^f)^+=\sigma_{33}(h^b/2+h^f)^- \tag{3.28}$$
$$\varphi(h^b/2+h^f)=0$$

在压电薄膜和底电极之间 $x_3=h^b/2$ 处有

$$u_1(h^b/2)^+=u_1(h^b/2)^-,\quad u_3(h^b/2)^+=u_3(h^b/2)^-$$
$$\sigma_{31}(h^b/2)^+=\sigma_{31}(h^b/2)^-,\quad \sigma_{33}(h^b/2)^+=\sigma_{33}(h^b/2)^- \tag{3.29}$$
$$\varphi(h^b/2)=0$$

在底电极和硅基底之间 $x_3=-h^b/2$ 处有

$$u_1(-h^b/2)^+=u_1(-h^b/2)^-,\quad u_3(-h^b/2)^+=u_3(-h^b/2)^-$$
$$\sigma_{31}(-h^b/2)^+=\sigma_{31}(-h^b/2)^-,\quad \sigma_{33}(-h^b/2)^+=\sigma_{33}(-h^b/2)^- \tag{3.30}$$

在硅基底下表面 $x_3=-h^s-h^b/2$ 处有

$$\sigma_{31}(-h^s - h^b / 2) = 0, \quad \sigma_{33}(-h^s - h^b / 2) = 0 \tag{3.31}$$

共计 18 个边界条件和连续性条件。对于上表面没有驱动电极的模型图 3.2(a)，式(3.27)消失，而式(3.28)变为

$$\begin{aligned} &\sigma_{31}(h^b / 2 + h^f) = 0, \ \sigma_{33}(h^b / 2 + h^f) = 0 \\ &D(h^b / 2 + h^f) = 0 \end{aligned} \tag{3.32}$$

其余条件与式(3.29)～式(3.31)相同，共计 14 个边界条件和连续性条件。而惯性电极模型中，覆盖驱动电极和不覆盖驱动电极模型的边界条件和连续性条件均只有 10 个，即式(3.9)～式(3.12)。由此可见，考虑弹性电极时，模型复杂了很多。

将压电薄膜中的谐波解式(3.6)、硅基底中的谐波解式(3.8)以及上下电极中的谐波解式(3.25)和式(3.26)代入式(3.27)～式(3.31)中，可得 6 个 $A(m)$、4 个 $F(n)$、4 个 $H(n)$ 以及 4 个 $J(n)$ 的 18 个齐次线性方程，对于非平凡解，$A(m)$、$F(n)$、$H(n)$ 以及 $J(n)$ 的系数矩阵行列式为零，可得带有驱动电极的弹性电极模型的频散方程。

同样地，对于上表面不带有驱动电极的模型，将压电薄膜中的谐波解式(3.6)、硅基底中的谐波解式(3.8)以及下电极中的谐波解式(3.26)代入式(3.29)～式(3.32)中，可得 6 个 $A(m)$、4 个 $F(n)$ 以及 4 个 $J(n)$ 的 14 个齐次线性方程，对于非平凡解，$A(m)$、$F(n)$ 以及 $J(n)$ 的系数矩阵行列式为零，可得不覆盖驱动电极的弹性电极模型的频散方程。

对于电极材料，上电极为单晶铝，下电极为单晶金，详细弹性模量见文献[12]。结构的尺寸与式(3.13)相同，由质量比 R=0.01 可得 h^t=3.1614×10^{-7}m。无量纲化与式(3.14)相同。

3.3.2 弹性电极模型中的频散曲线、振型及惯性模型频率误差

这里用第 2 章的方法计算了两种弹性电极模型的频散曲线，如图 3.7 和图 3.8 所示。

图 3.7 和图 3.8 中均包括两种结果：一种为 3.2.2 节所示的惯性电极模型，用黑线表示；另一种为这里所推导的弹性电极模型，用灰线表示。可以发现，无论上表面是否覆盖电极，惯性模型与弹性模型的结果均有着相同的走势，但频率有着微小的差异。基于频散曲线的结果，可以进一步计算位移 u_1 和 u_3 的分布。以弹性模型带有上电极为例，任意选取图 3.7 中一点，这里统一选取前 6 阶曲线上无量纲波数 $k_1{}' = 0.1$ 处的点计算复合结构上下表面及厚度方向的位移，如图 3.9 所示。

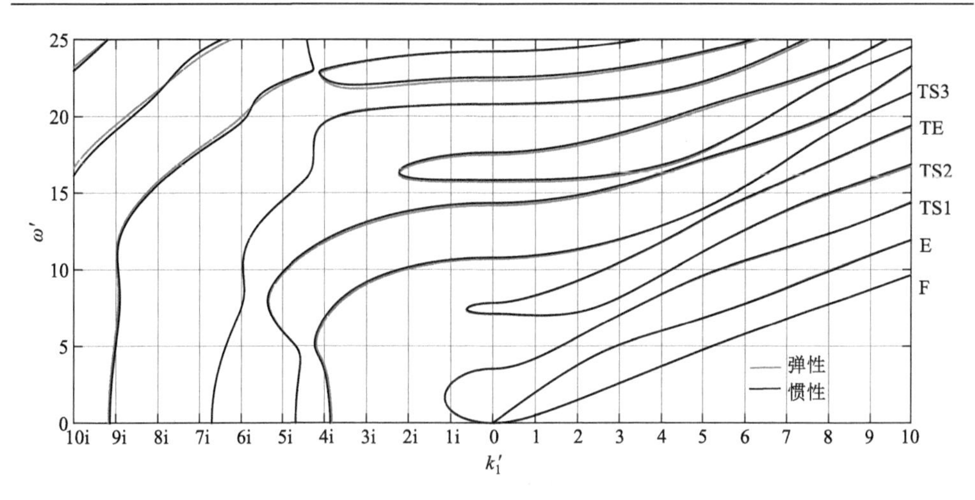

图 3.7　压电层上表面有驱动电极模型(R=0.01)的频散曲线

弹性电极模型(灰线)对比惯性电极模型(黑线)

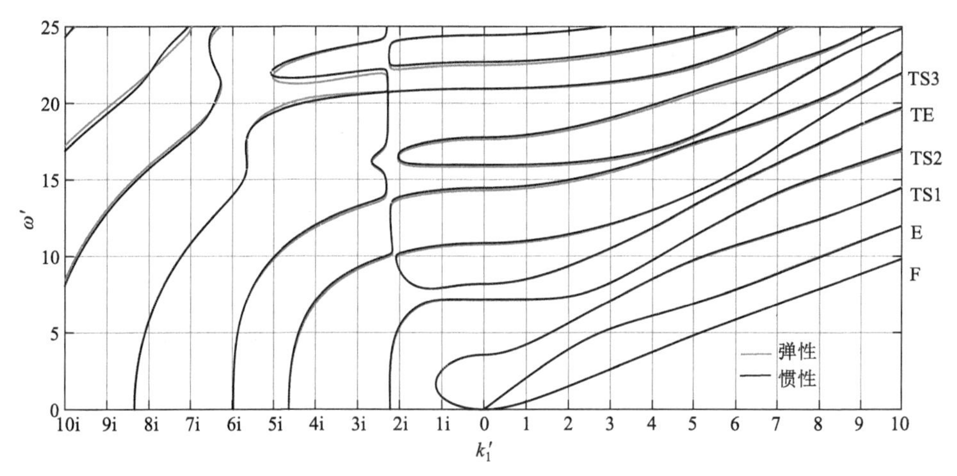

图 3.8　压电层上表面无驱动电极模型的频散曲线

弹性电极模型(灰线)对比惯性电极模型(黑线)

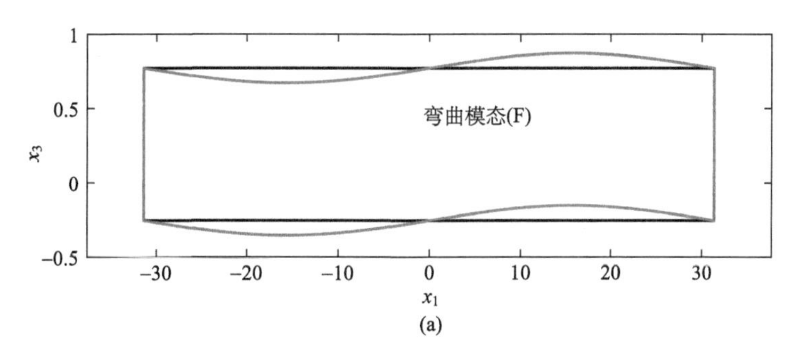

(a)

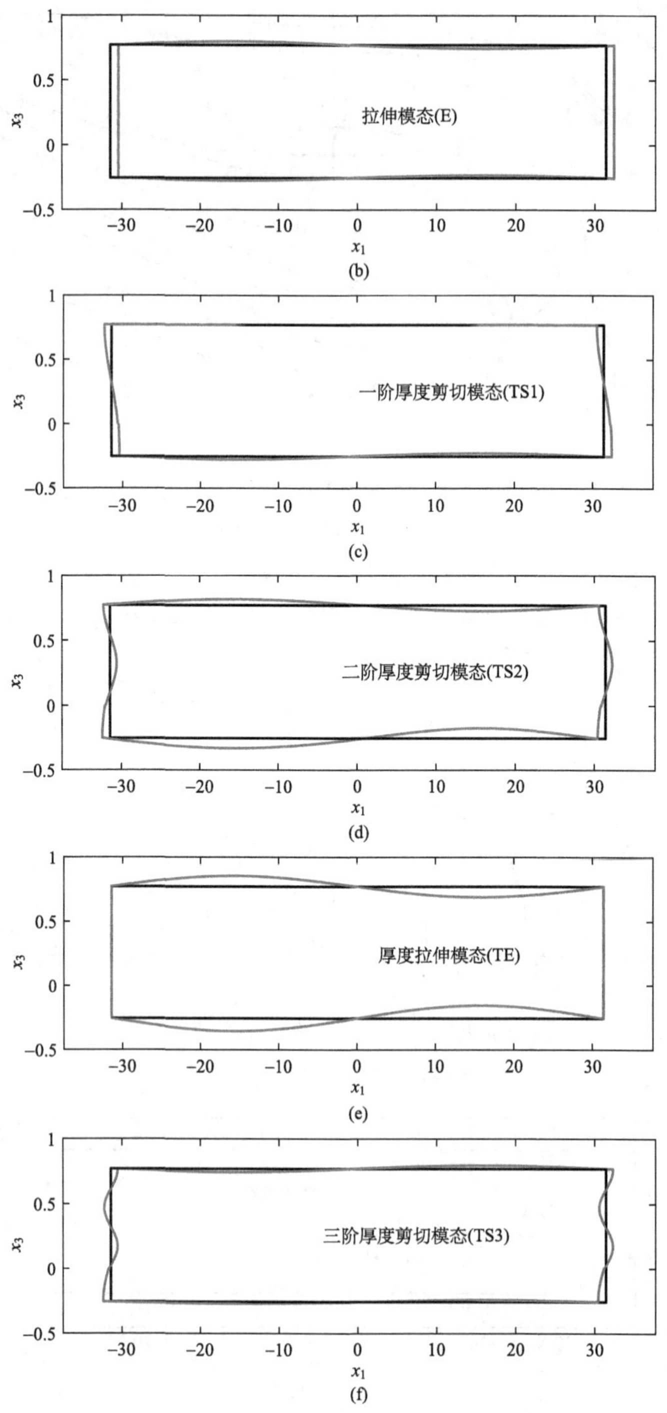

图 3.9　前 6 阶曲线 $k_1{}'=0.1$ 处的振型

黑线表示未变形，灰线表示变形后

在图 3.9 中，由于采用了式(3.14)的无量纲方式 $h'=h/(h^f+h^s)$，整个板的厚度范围为−0.255～0.7708。其中，厚度范围−0.255～−0.005 代表硅基底，−0.005～0.005 代表底电极，0.005～0.755 代表压电薄膜，0.755～0.7708 代表上电极。沿 x_1 方向从−10π～10π 计算了一个周期 20π 的长度，即(2π/k_1')。

图 3.9(a)中，位移在上下表面呈弯曲形，同时此时的位移 u_3 较大而 u_1 较小，因此两端截面上的位移 u_1 不明显。为了观察截面上的位移分布，在图 3.10 中画出了无量纲位移 u_1，可以发现两端的横截面仍保持平面，这是弯曲模态(F)。

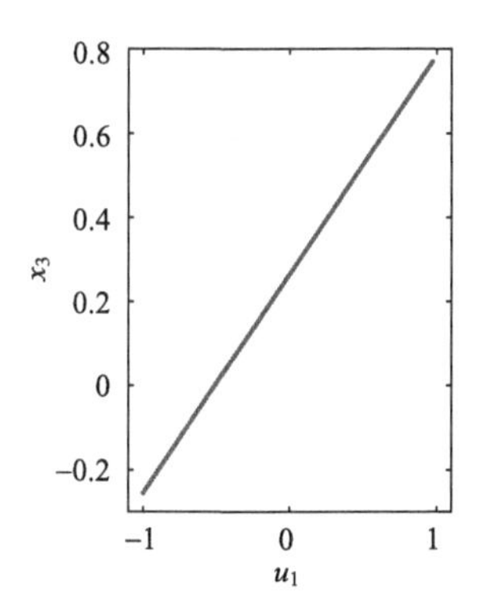

图 3.10　弯曲模态在边界 x_1=10π 处 u_1 的分布

图 3.9(b)中，复合板沿 x_1 方向在 0～10π 的范围内受拉，而在−10π～0 范围内受压。同时由于泊松效应，在受拉的范围内沿厚度 x_3 方向收缩，受压的范围内沿厚度 x_3 方向扩张，这是拉伸模态(E)。而图 3.9(e)中，拉伸是沿着厚度 x_3 方向，这是厚度拉伸模态(TE)。

图 3.9(c)中，左端边界 x_1=−10π 处，上表面沿 x_1 负方向移动，而下表面沿 x_1 正方向移动，两者方向相反，且位移沿厚度 x_3 方向呈曲线并有一个零节点，这是一阶厚度剪切模态(TS1)。而图 3.9(d)中，在两端的界面上，从上表面到下表面，层的移动方向沿 x_1 改变了两次，且位移分布曲线有两个零节点，这是二阶厚度剪切模态(TS2)。类似地，可以得出图 3.9(f)为三阶厚度剪切模态(TS3)。

对比弹性电极和惯性电极模型，两者的振型是一致的，出于简洁性考虑，这里不再重复展示惯性电极模型的振型图。两种电极模型有相同的频散曲线分布和振型分布，因此惯性电极模型虽然存在一些简化，但可以得到定性结果，具有一定合理性。至于能否用简化的惯性电极模型完全取代精确但复杂的弹性电极模型，需要定量研究图 3.7 和图 3.8 中两种电极模型的频率差异，判断这些差异在不同模态、不同质量比下能否忽略。

表 3.3 和表 3.4 展示了上表面有电极和无电极两种结构在两个电极模型下的截止频率和相应的误差(1ppm=10^{-6})。可以发现对于不同的模态，频率误差变化很大。对于厚度剪切模态，从一阶(TS1)到三阶(TS3)，误差依次增加。对比有上电极和无上电极两种结构，厚度剪切模态的频率误差稳定，而厚度拉伸模态的频率误差变化较大。由于 FBAR 的工作模态为厚度拉伸模态(TE)，因此进一步计算了在不同质量比下，厚度拉伸模态(TE)的频率误差变化。

表 3.3 上表面有电极时两种模型不同模态的无量纲截止频率对比

模态	弹性电极模型 (R=0.01)	惯性电极模型 (R=0.01)	误差/ ppm
TS1	3.5240487	3.5305297	1839.08
TS2	7.0911815	7.1325251	5830.28
TE	7.8170531	7.8348066	2271.12
TS3	10.6752217	10.7790716	9728.13

表 3.4 上表面无电极时两种模型不同模态的无量纲截止频率对比

模态	弹性电极模型 (R=0)	惯性电极模型 (R=0)	误差/ ppm
TS1	3.5541280	3.5608000	1877.25
TS2	7.1525560	7.1949549	5927.80
TE	8.1798774	8.2005978	2533.09
TS3	10.7672421	10.8731797	9838.88

从表 3.5 可以发现，当质量比 R 从 0.001 增加到 0.015 时，截止频率误差缓慢下降。而当质量比从 0.015 继续增加到 0.100 时，截止频率误差迅速增大。可以发现当质量比在 0.010～0.020 的范围内，截止频率误差处在最小值 2261 附近，且变化平缓。但对于谐振器的设计，频率误差不能超过几十 ppm。因此，惯性电极模型带来的误差不可忽略，这种电极简化方式不能应用于 FBAR 的定量研究，只能适用于一些定性研究。

表 3.5　两种电极模型在不同质量比时厚度拉伸模态(TE)的无量纲截止频率对比

质量比 R	弹性电极模型	惯性电极模型	误差/ppm
0.001	7.87769437	7.89593449	2315.41
0.002	7.87090978	7.88908811	2309.56
0.005	7.85062925	7.86863010	2292.92
0.010	7.81705309	7.83480656	2271.12
0.012	7.80369399	7.82137376	2265.56
0.015	7.78372433	7.80132903	2261.73
0.016	7.77708501	7.79467546	2261.83
0.018	7.76383052	7.78141053	2264.35
0.020	7.75060639	7.76820210	2270.24
0.025	7.71766480	7.73542972	2301.85
0.030	7.68486701	7.70301518	2361.55
0.050	7.55452106	7.57698067	2973.00
0.080	7.35873647	7.39887978	5455.19
0.100	7.22607038	7.28736896	8482.98

3.4　弹性电极薄膜体声波谐振器在介电损耗下的波动特性

许多压电材料中，介电损耗是不可避免的，而介电损耗会导致波的能量耗散。在 3.3 节的基础上，本节进一步研究了具有介电损耗的薄膜体声波谐振器压电层状结构中波的传播特性。当考虑介电损耗时，介电常数是复数，且由于波的能量耗散，波数也是复数，其虚部表示能量耗散的快慢。这里将在三维频散曲线的基础上，进一步分析波的特性，给出波的衰减情况，并与无介电损耗模型的结果进行比较。

本节的结构模型与 3.3 节相似，唯一的不同是在介电常数中加入了表征介电损耗的虚部，其大小以介质损耗角(δ)的正切值 $\tan\delta$ 来表示，对于这里的氧化锌薄膜，其介电损耗来源于电导和弛豫过程等多种因素，$\tan\delta$ 取值 0.01，因而介电常数如下所示：

$$\begin{aligned}\varepsilon_{11} &\Leftarrow (1+0.01\mathrm{i})\varepsilon_{11}\\ \varepsilon_{33} &\Leftarrow (1+0.01\mathrm{i})\varepsilon_{33}\end{aligned} \tag{3.33}$$

这里展示了 3.3 节中，前 6 阶模态在空间中的曲线分布，结果如图 3.11 所示。

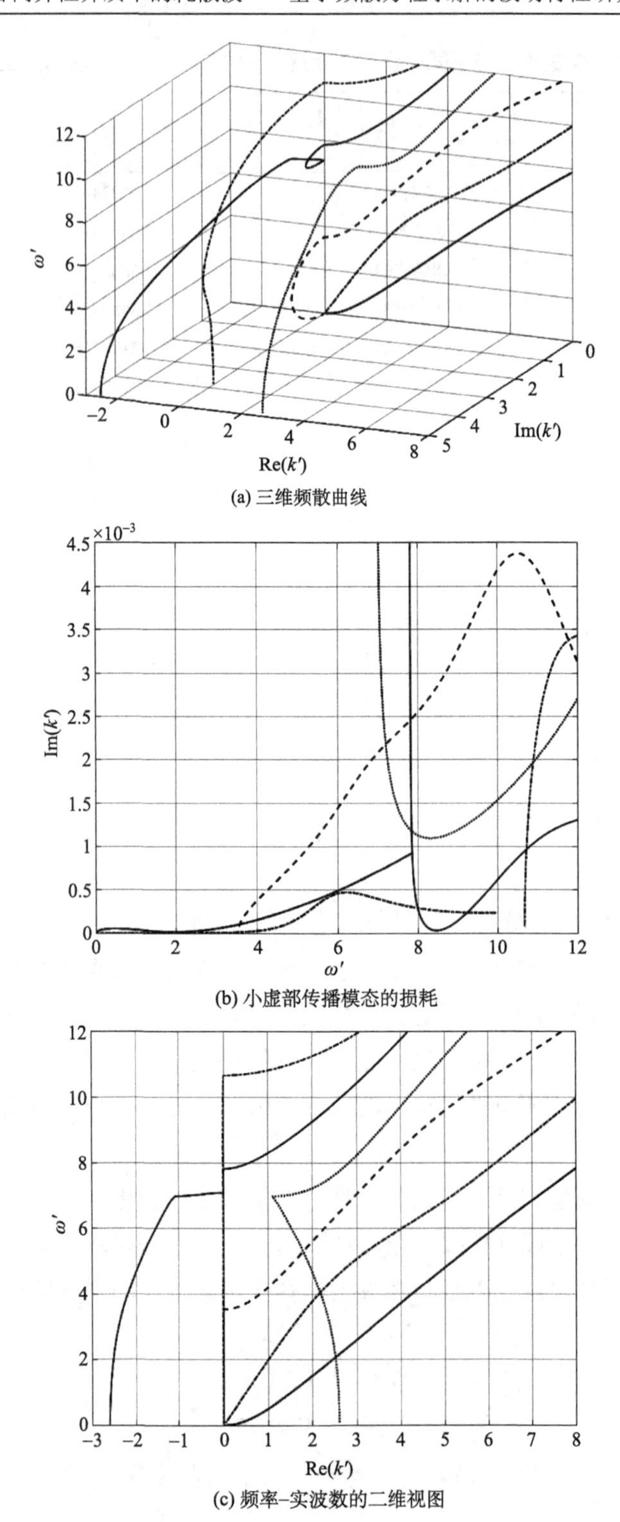

(a) 三维频散曲线

(b) 小虚部传播模态的损耗

(c) 频率-实波数的二维视图

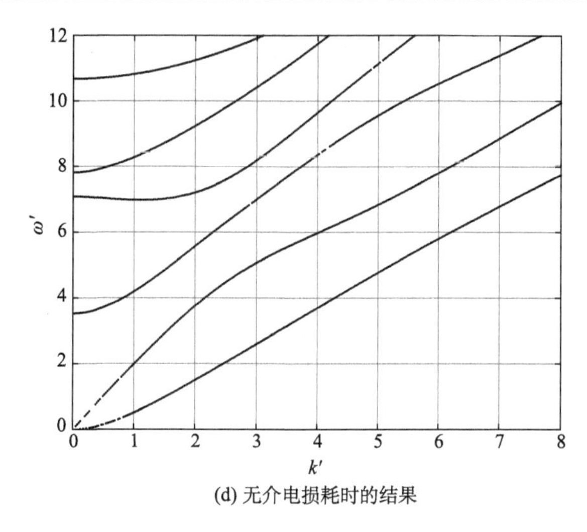

(d) 无介电损耗时的结果

图 3.11　具有介电损耗时，压电层上表面有弹性驱动电极模型的前 6 阶频散曲线

图 3.11(a)中展示了频率 0～12、实波数−3～8、虚波数 0～5 范围内的前 6 阶曲线，在这个范围中还有其他高阶模态的空间曲线，为了显示上的简洁，这些高阶模态的结果被略去了。同时为了区分不同模态的曲线在不同视角下的对应关系，这 6 阶曲线用了不同的灰度及线型加以区分。对比图 3.11(c)和图 3.11(d)可以发现有无介电损耗时，实波数和频率几乎保持不变。唯一明显的区别是，对于第四阶曲线，即二阶厚度剪切模态，在有介电损耗的图 3.11(c)中，从群速度($\mathrm{d}\omega/\mathrm{d}k$)为零的位置曲线延伸到了空间中，而群速度小于零的曲线获得了负的虚部，因此在虚部大于零的范围内不可见。图 3.11(b)展示了实波数大于零、虚波数 0～4.5×10^{-3} 范围内曲线虚部随频率的变化关系，可以发现不同模态的虚部变化差异很大，且同一模态在不同频率时，虚部的差异也很大。

3.5　本 章 小 结

本章从线弹性压电理论出发，详细推导了 FBAR 两种结构中的频散方程，包括平面应变波和反平面波。并计算了频散曲线和振型，研究了电极质量比对频散曲线的影响，对比了惯性简化电极造成的误差，发现在 FBAR 结构中，惯性电极模型只能得到定性的结果，对于定量研究，必须将电极考虑为弹性层。

基于本章工作，利用 Mindlin 二维板理论的研究成果详见参考文献[13]。同时，直接基于无限大结构中精确的频散曲线，利用弱边界条件同样可以得到有限尺寸

FBAR 中的结果，采用这一思路的相关成果详见参考文献[14]。

参 考 文 献

[1] Qin L, Chen Q, Cheng H, et al. Analytical study of dual-mode thin film bulk acoustic resonators（FBARs）based on ZnO and AlN films with tilted c-axis orientation. IEEE Transactions on Ultrasonics, Ferroelectrics, and Frequency Control, 2010, 57(8): 1840-1853.

[2] Du J, Xian K, Wang J, et al. Thickness vibration of piezoelectric plates of 6 mm crystals with tilted six-fold axis and two-layered thick electrodes. Ultrasonics, 2009, 49(2): 149-152.

[3] Mindlin R D, Yang J. An Introduction to the Mathematical Theory of Vibrations of Elastic Plates. Singapore: World Scientific, 2006.

[4] Mindlin R. High frequency vibrations of piezoelectric crystal plates. International Journal of Solids and Structures, 1972, 8(7): 895-906.

[5] Wang J, Yang J. Higher-order theories of piezoelectric plates and applications. Applied Mechanics Reviews, 2000, 53(4): 87-99.

[6] Tiersten H F. On the thickness expansion of the electric potential in the determination of two-dimensional equations for the vibration of electroded piezoelectric plates. Journal of Applied Physics, 2002, 91(4): 2277-2283.

[7] Yang J. The Mechanics of Piezoelectric Structures. Singapore: World Scientific, 2006.

[8] Yanagitani T, Mishima N, Matsukawa M, et al. Electromechanical coupling coefficient k15 of polycrystalline ZnO films with the c-axes lie in the substrate plane. IEEE Transactions on Ultrasonics, Ferroelectrics, and Frequency Control, 2007, 54(4): 701-704.

[9] Lee S-H, Yoon K H, Lee J-K. Influence of electrode configurations on the quality factor and piezoelectric coupling constant of solidly mounted bulk acoustic wave resonators. Journal of Applied Physics, 2002, 92(7): 4062-4069.

[10] Zhang Y, Chen D. Multilayer Integrated Film Bulk Acoustic Resonators. Berlin: Springer Science & Business Media, 2012.

[11] Zhang X, Zhang C, Yu J, et al. Full dispersion and characteristics of complex guided waves in functionally graded piezoelectric plates. Journal of Intelligent Material Systems and Structures, 2019, 30(10): 1466-1480.

[12] Auld B A. Acoustic Fields and Waves in Solids. Москва: Рипол Классик, 1973.

[13] Li N, Wang B, Qian Z. Suppression of spurious lateral modes and undesired coupling modes in frame-like FBARs by 2-D theory. IEEE Transactions on Ultrasonics, Ferroelectrics, and Frequency Control, 2019, 67(1): 180-190.

[14] Zhao Z, Wang B, Zhu J, et al. Mode couplings in high-frequency thickness-extensional vibrations of ZnO thin film resonator based on weak boundary condition. International Journal of Mechanical Sciences, 2018, 148: 223-230.

第 4 章　电导对压电结构中 Lamb 波传播特性的影响

4.1　引　　言

基于压电材料力电耦合效应的声学器件有着广泛的应用，除了第 3 章介绍的薄膜体声波谐振器以外，还有各种其他压电声波器件，如表声波谐振器、石英谐振器等。由于力电耦合效应，压电材料中的波动特性与电学边界条件(开路和短路)有直接关联，正如第 3 章所述，在开路和短路的两种情况下，波的频散曲线是不一样的。因此，可以确定的是，当电极具有不同电导时，波的频散曲线也会发生不同的变化。研究这种变化有助于更深入地分析压电声波器件的性能，以及根据电极电导的影响来调控器件和制造新型传感器等。

在许多研究中，电学边界一般只考虑两类简单的情况，即短路或开路。且开路电学边界通常会被简化为结构表面的电位移为零；而空间中的电势和电位移，以及压电结构表面与空间交界的界面上的电学连续性条件统统都被忽略[1,2]。对于一个精确的开路电学边界，需要考虑空间中满足拉普拉斯方程的电势分布，已有的文献[3]已经发现，即使在水平剪切(shear horizontal, SH)波的简单情况下，忽略空间中电势的简化也会造成一定程度的误差，更不必说更复杂的 Lamb 波。作为一个更大的背景，精确的开路电学边界可视为电导为零或电阻无穷大的情况，它与电导无穷大的短路情况是一般电导的两个特例。本章研究了覆盖任意电导电极的压电板模型。除了开路和短路两种情况，一般电导的时候，由于电极中存在电流，波的能量有损耗，此时的频散曲线需在复波数域的情况下求解。因此，除了关注不同电导对频散曲线和振型的影响以外，这里也需要关注不同电导引起的损耗大小。

4.2　理 论 推 导

4.2.1　模型设置

如图 4.1 所示，压电板被具有任意电导 σ_s 的上、下薄电极覆盖，整个结构置于自由空间中，而压电板结构将空间划分为上自由空间和下自由空间。考虑波的

传播方向沿 x_1，板厚方向为 x_3，总厚度为 $2h$，薄电极的厚度忽略不计。

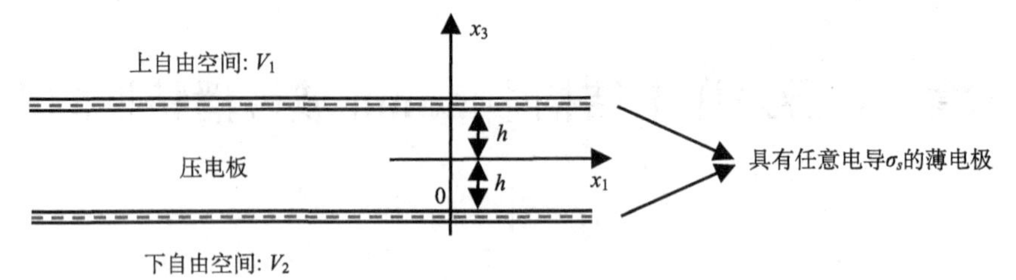

图 4.1 空间中覆盖任意电导薄电极的压电板

4.2.2 不同区域的控制方程和总的频散方程

图 4.1 中有 3 个不同的区域，即压电板、薄电极和上下自由空间。这些区域有着不同的控制方程，它们的讨论如下。

对于压电板，一般的控制方程和本构方程为

$$
\begin{aligned}
&\sigma_{ij,j}=\rho\ddot{u}_i\\
&D_{i,i}=0\\
&\sigma_{ij}=c_{ijkl}u_{k,l}+e_{kij}\phi_{,k}\\
&D_i=e_{ikl}u_{k,l}-\varepsilon_{ik}\phi_{,k}
\end{aligned}
\tag{4.1}
$$

其中 σ_{ij} 是应力张量；ρ 是密度；u_i 是机械位移；D_i 是电位移；ϕ 是电势；c_{ijkl} 是弹性刚度；e_{kij} 是压电常数；ε_{ik} 是介电常数。指标 i, j, k, l 取值 1, 2, 3。这里采用爱因斯坦求和约定，即重复指标表示求和。逗号表示对坐标的偏导数，一个上标点表示对时间求导一次。

将式(4.1)的后两项代入前两项中可得

$$
\begin{aligned}
&c_{jikl}u_{k,lj}+e_{kij}\phi_{,kj}=\rho\ddot{u}_i\\
&e_{ikl}u_{k,li}-\varepsilon_{ik}\phi_{,ki}=0
\end{aligned}
\tag{4.2}
$$

考虑满足式(4.2)的如下谐波解：

$$
\begin{Bmatrix} u_1\\ u_2\\ u_3\\ \phi \end{Bmatrix}=\begin{Bmatrix} A_1\\ A_2\\ A_3\\ A_4 \end{Bmatrix}\exp(\mathrm{i}k_3x_3)\exp[\mathrm{i}(k_1x_1+k_2x_2-\omega t)]
\tag{4.3}
$$

其中 k_1, k_2, k_3 是沿着 x_1, x_2, x_3 方向的波数；ω 是圆频率；i 是虚部单位；A_1, A_2, A_3, A_4 是待定幅值系数。这里采用 Stroh 形式来形成厚度方向的传递矩阵，推导最终的频散曲线。将式(4.3)代入式(4.2)可得

$$\begin{bmatrix} -\boldsymbol{T}^{-1}\boldsymbol{F} & -\mathrm{i}\boldsymbol{T}^{-1} \\ -\mathrm{i}(\boldsymbol{Q}-\boldsymbol{R}\boldsymbol{T}^{-1}\boldsymbol{F}) & -\boldsymbol{R}\boldsymbol{T}^{-1} \end{bmatrix}\begin{bmatrix} \boldsymbol{u} \\ \boldsymbol{t} \end{bmatrix} = k_3 \begin{bmatrix} \boldsymbol{u} \\ \boldsymbol{t} \end{bmatrix} \tag{4.4}$$

其中矢量 $\boldsymbol{u}, \boldsymbol{t}$ 和矩阵 $\boldsymbol{Q}, \boldsymbol{R}, \boldsymbol{T}, \boldsymbol{F}$ 定义为

$$\boldsymbol{u} = \begin{bmatrix} u_k \\ \phi \end{bmatrix}, \ \boldsymbol{t} = \begin{bmatrix} \sigma_{i3} \\ D_3 \end{bmatrix}, \ \boldsymbol{Q} = \begin{bmatrix} (c_{\alpha ik\beta}k_\alpha k_\beta - \rho\omega^2\delta_{ik})\big|_{3\times3} & e_{\alpha i\beta}k_\alpha k_\beta\big|_{3\times1} \\ e_{\alpha k\beta}k_\alpha k_\beta\big|_{1\times3} & -\varepsilon_{\alpha\beta}k_\alpha k_\beta\big|_{1\times1} \end{bmatrix}$$

$$\boldsymbol{R} = \begin{bmatrix} c_{\alpha ik3}k_\alpha\big|_{3\times3} & e_{3i\alpha}k_\alpha\big|_{3\times1} \\ e_{\alpha k3}k_\alpha\big|_{1\times3} & -\varepsilon_{\alpha3}k_\alpha\big|_{1\times1} \end{bmatrix}, \ \boldsymbol{T} = \begin{bmatrix} c_{i3k3}\big|_{3\times3} & e_{3i3}\big|_{3\times1} \\ e_{3k3}\big|_{1\times3} & -\varepsilon_{33}\big|_{1\times1} \end{bmatrix}, \ \boldsymbol{F} = \begin{bmatrix} k_\alpha c_{i3k\alpha}\big|_{3\times3} & k_\alpha e_{\alpha i3}\big|_{3\times1} \\ k_\alpha e_{3k\alpha}\big|_{1\times3} & -k_\alpha\varepsilon_{3\alpha}\big|_{1\times1} \end{bmatrix} \tag{4.5}$$

其中拉丁字母指标 i, k 取值 1, 2, 3，希腊字母指标 α, β 取值 1, 2。δ_{ik} 是克罗内克符号。对于给定的波数 k_1, k_2 和频率 ω，式(4.4)是一个特征值及特征向量问题。求解式(4.4)可得压电板上下表面的位移、应力、电势和电位移之间的关系，具体形式如下：

$$\begin{bmatrix} u_{k(k=1,3)} \\ \sigma_{i3(i=1,3)} \\ \phi \\ D_3 \end{bmatrix}_h = \boldsymbol{V}\left[\langle \mathrm{e}^{\mathrm{i}s2h}\rangle\right]\boldsymbol{V}^{-1}\begin{bmatrix} u_{k(k=1,3)} \\ \sigma_{i3(i=1,3)} \\ \phi \\ D_3 \end{bmatrix}_{-h} \tag{4.6}$$

其中 $\boldsymbol{s}$ 是特征值组成的向量$(s_1, s_2,\cdots, s_6)$；$\boldsymbol{V}$ 是一个矩阵，矩阵的每一列为对应向量 $\boldsymbol{s}$ 中特征值的特征向量；$\langle \mathrm{e}^{\mathrm{i}s2h}\rangle$ 表示对角矩阵$(\mathrm{e}^{\mathrm{i}s_1 2h}, \mathrm{e}^{\mathrm{i}s_2 2h},\cdots, \mathrm{e}^{\mathrm{i}s_6 2h})$。由于考虑了 Lamb 波，且传播方向为 x_1，因而 k_2 等于零，所以式(4.4)中的位移 u_2 和应力 σ_{32} 在式(4.6)中被去掉了。相比于式(4.5)中的 $\boldsymbol{u}, \boldsymbol{t}$，值得注意的是式(4.6)中矢量 $\boldsymbol{u}, \boldsymbol{t}$ 的分量顺序进行了调整，ϕ 和 D_i 被放置在了最后两行。

对于上下自由空间，电势需要满足如下关系：

$$\begin{aligned} &\nabla^2\phi = 0, \quad |x_3| > h \\ &\phi \to 0, \quad x_3 \to \pm\infty \\ &D_i = -\varepsilon_0\phi_{,i} \end{aligned} \tag{4.7}$$

根据式(4.7)的前两项，电势 ϕ 的简谐解有如下形式：

$$\phi = \begin{cases} G\exp[k_1(h-x_3)]\exp[\mathrm{i}(k_1x_1-\omega t)], & x_3 > h \\ H\exp[k_1(h+x_3)]\exp[\mathrm{i}(k_1x_1-\omega t)], & x_3 < -h \end{cases} \tag{4.8}$$

其中 G 和 H 是幅值系数。需要注意的是，k_1 的实部必须是正的，这样式(4.7)的第二项才能满足。将式(4.8)代入式(4.7)的第三项可得

$$
\begin{aligned}
&D_3 - \varepsilon_0 k_1 \phi = 0, \quad x_3 > h \\
&D_3 + \varepsilon_0 k_1 \phi = 0, \quad x_3 < -h
\end{aligned}
\tag{4.9}
$$

为了得到与式(4.6)一致的传递形式，将式(4.9)改写为

$$
\begin{aligned}
&\begin{bmatrix} u_{k(k=1,3)}|_h \\ \sigma_{i3(i=1,3)}|_h \\ 0 \\ D_3^{V_1} \end{bmatrix} = \begin{bmatrix} \boldsymbol{I}|_{4\times4} & \boldsymbol{0}|_{4\times2} \\ \boldsymbol{0}|_{2\times4} & \begin{bmatrix} -\varepsilon_0 k_1 & 1 \\ 0 & 1 \end{bmatrix}_{2\times2} \end{bmatrix} \begin{bmatrix} u_{k(k=1,3)}|_h \\ \sigma_{i3(i=1,3)}|_h \\ \phi^{V_1} \\ D_3^{V_1} \end{bmatrix} \\
&\begin{bmatrix} u_{k(k=1,3)}|_{-h} \\ \sigma_{i3(i=1,3)}|_{-h} \\ \phi^{V_2} \\ D_3^{V_2} \end{bmatrix} = \begin{bmatrix} \boldsymbol{I}|_{4\times4} & \boldsymbol{0}|_{4\times2} \\ \boldsymbol{0}|_{2\times4} & \begin{bmatrix} 1 & -(\varepsilon_0 k_1)^{-1} \\ 0 & 1 \end{bmatrix}_{2\times2} \end{bmatrix} \begin{bmatrix} u_{k(k=1,3)}|_{-h} \\ \sigma_{i3(i=1,3)}|_{-h} \\ 0 \\ D_3^{V_2} \end{bmatrix}
\end{aligned}
\tag{4.10}
$$

其中 V_1 表示上自由空间；V_2 表示下自由空间。

对于具有任意电导的电极，控制方程和连续性条件为

$$
\begin{aligned}
&J_i = -\sigma_s \phi_{,i} \\
&J_{1,1} = -\dot{\delta} \\
&D_3^{V_1}\Big|_h - D_3\Big|_h = \delta, \quad \phi^{V_1}|_h = \phi|_h \\
&D_3\Big|_{-h} - D_3^{V_2}\Big|_{-h} = \delta, \quad \phi^{V_2}|_{-h} = \phi|_{-h}
\end{aligned}
\tag{4.11}
$$

其中 J (A/m) 是表面电流密度；σ_s (S) 是上下薄膜电极的表面电导；δ (C/m^2) 是表面电荷密度。将式(4.3)和式(4.8)中的电势代入式(4.11)，并按式(4.6)和式(4.10)的形式可得到如下形式：

$$
\begin{aligned}
&\begin{bmatrix} u_{k(k=1,3)}|_h \\ \sigma_{i3(i=1,3)}|_h \\ \phi^{V_1}|_h \\ D_3^{V_1}|_h \end{bmatrix} = \begin{bmatrix} \boldsymbol{I}|_{4\times4} & \boldsymbol{0}|_{4\times2} \\ \boldsymbol{0}|_{2\times4} & \begin{bmatrix} 1 & 0 \\ k_1^2\sigma_s/(\mathrm{i}\omega) & 1 \end{bmatrix}_{2\times2} \end{bmatrix} \begin{bmatrix} u_{k(k=1,3)}|_h \\ \sigma_{i3(i=1,3)}|_h \\ \phi|_h \\ D_3|_h \end{bmatrix} \\
&\begin{bmatrix} u_{k(k=1,3)}|_{-h} \\ \sigma_{i3(i=1,3)}|_{-h} \\ \phi|_{-h} \\ D_3|_{-h} \end{bmatrix} = \begin{bmatrix} \boldsymbol{I}|_{4\times4} & \boldsymbol{0}|_{4\times2} \\ \boldsymbol{0}|_{2\times4} & \begin{bmatrix} 1 & 0 \\ k_1^2\sigma_s/(\mathrm{i}\omega) & 1 \end{bmatrix}_{2\times2} \end{bmatrix} \begin{bmatrix} u_{k(k=1,3)}|_{-h} \\ \sigma_{i3(i=1,3)}|_{-h} \\ \phi^{V_2}|_{-h} \\ D_3^{V_2}|_{-h} \end{bmatrix}
\end{aligned}
\tag{4.12}
$$

最终根据式(4.6)、式(4.10)以及式(4.12)，可得如下形式的传递矩阵：

$$
\begin{bmatrix} u_{k(k=1,3)}|_h \\ \sigma_{i3(i=1,3)}|_h \\ 0 \\ D_3^{V_1} \end{bmatrix} = \boldsymbol{M} \begin{bmatrix} u_{k(k=1,3)}|_{-h} \\ \sigma_{i3(i=1,3)}|_{-h} \\ 0 \\ D_3^{V_2} \end{bmatrix}
$$

$$
\begin{aligned}
\boldsymbol{M} = & \begin{bmatrix} \boldsymbol{I}|_{4\times4} & \boldsymbol{0}|_{4\times2} \\ \boldsymbol{0}|_{2\times4} & \begin{bmatrix} -\varepsilon_0 k_1 & 1 \\ 0 & 1 \end{bmatrix}_{2\times2} \end{bmatrix} \begin{bmatrix} \boldsymbol{I}|_{4\times4} & \boldsymbol{0}|_{4\times2} \\ \boldsymbol{0}|_{2\times4} & \begin{bmatrix} 1 & 0 \\ k_1^2\sigma_s/(\mathrm{i}\omega) & 1 \end{bmatrix}_{2\times2} \end{bmatrix} \\
& \cdot \boldsymbol{V}\left[\left\langle \mathrm{e}^{\mathrm{i}s2h} \right\rangle\right]\boldsymbol{V}^{-1} \begin{bmatrix} \boldsymbol{I}|_{4\times4} & \boldsymbol{0}|_{4\times2} \\ \boldsymbol{0}|_{2\times4} & \begin{bmatrix} 1 & 0 \\ k_1^2\sigma_s/(\mathrm{i}\omega) & 1 \end{bmatrix}_{2\times2} \end{bmatrix} \cdot \begin{bmatrix} \boldsymbol{I}|_{4\times4} & \boldsymbol{0}|_{4\times2} \\ \boldsymbol{0}|_{2\times4} & \begin{bmatrix} 1 & -(\varepsilon_0 k_1)^{-1} \\ 0 & 1 \end{bmatrix}_{2\times2} \end{bmatrix}
\end{aligned} \tag{4.13}
$$

最后考虑力学边界条件

$$
\sigma_{i3(i=1,3)}|_{\pm h} = 0 \tag{4.14}
$$

为了得到式(4.13)中位移和电位移的非零解，矩阵 $\boldsymbol{M}$ 的第三、四、五行以及第一、二、六列组成的子矩阵的行列式必须为零，因此可得频散方程如下所示：

$$
\det(\boldsymbol{M}([3,4,5],[1,2,6])) = 0 \tag{4.15}
$$

接下来，将在不同的电导 σ_s 下计算式(4.15)，研究电学边界对波动特性的影响。首先考虑电学短路和电学开路两种情况，再考虑一般电导的情况。

4.3　不同电导下的频散特征

4.3.1　材料参数及结构尺寸

压电板的总厚度取值 500 μm，压电材料采用铌酸钾，具体的密度、弹性常数、压电介电常数如下[4]：

$$
c_{pq} = \begin{bmatrix} 226 & 96 & 68 & 0 & 0 & 0 \\ & 270 & 101 & 0 & 0 & 0 \\ & & 186 & 0 & 0 & 0 \\ & & & 74.3 & 0 & 0 \\ & & & & 25 & 0 \\ \text{sym.} & & & & & 95.5 \end{bmatrix} \text{GPa}, \quad \varepsilon_{ij} = \begin{bmatrix} 34 & 0 & 0 \\ 0 & 780 & 0 \\ 0 & 0 & 24 \end{bmatrix} \varepsilon_0
$$

$$e_{ip} = \begin{bmatrix} 0 & 0 & 0 & 0 & 5.16 & 0 \\ 0 & 0 & 0 & 11.7 & 0 & 0 \\ 2.46 & -1.1 & 4.4 & 0 & 0 & 0 \end{bmatrix} \text{C/m}^2 \tag{4.16}$$

$$\varepsilon_0 = 8.854 \times 10^{-12} \text{F/m}, \ \rho = 4630 \text{kg/m}^3$$

4.3.2 高电导(短路)和零电导的频散曲线和振型

根据式(4.12)可以发现，当电导特别大时，上下表面电极的电势将会趋向于零，此时覆盖在压电板上的薄膜电极短路。此外，当电导为零时，上下表面电极的电势和电位移均非零，且电极两侧的空间和压电板上，电势和电位移连续，此时薄膜电极开路。这里首先考虑这两种情况，频散曲线的结果如图 4.2 所示，需要注意的是，由于波数的实部必须大于零，如式(4.7)和式(4.8)中所要求的，纯虚波数(即实部为零)的结果被忽略。

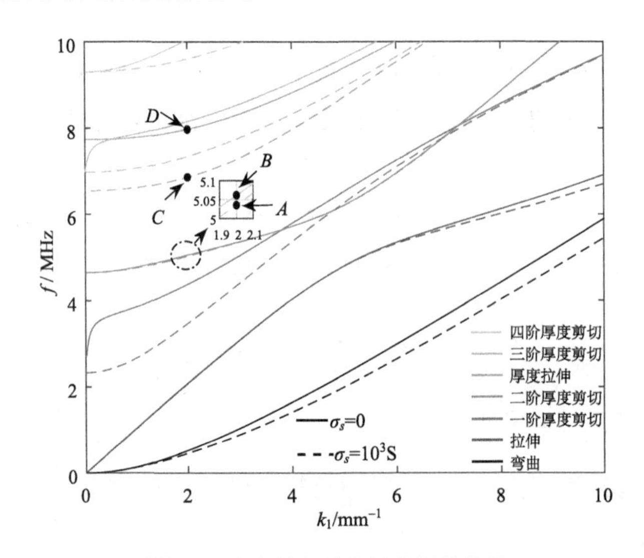

图 4.2 高电导和零电导的频散曲线

从图 4.2 中可以发现，高电导和零电导之间的频散曲线存在显著差异，且对于不同的频散分支，它们的差异也是不同的。为了进一步研究电导的影响，计算了不同分支的振型，如图 4.2 中所标注。从下到上波的振型依次为弯曲模态、拉伸模态、一阶厚度剪切模态(TS1)、二阶厚度剪切模态(TS2)、厚度拉伸模态(TE)、三阶厚度剪切模态(TS3)、四阶厚度剪切模态(TS4)。

为了简洁，这里只展示了二阶厚度剪切模态(TS2)和厚度拉伸模态(TE)的振型，这两个模态代表着两种情况，一是高电导和零电导之间的频率差异很大，如图 4.2 中的厚度拉伸模态(TE)；二是高电导和零电导之间的频率差异很小，如图 4.2 中的二阶厚度剪切模态(TS2)。图 4.2 中标记的 4 个点 A, B, C, D 的振型如图 4.3 和图 4.4 所示。

图 4.3 和图 4.4 展示了沿板厚度方向 x_3 的振型。值得注意的是，对于机械位移和应力，由于板的总厚度 $2h$ 是 500 μm，因此 x_3 的范围为−250～250 μm。但对于电势和电位移，如图 4.1 所示，需要包括上下自由空间，因此 x_3 的范围为−750～750 μm，其中−750～−250 μm 表示下自由空间 V_2；−250～250 μm 表示压电板；250～750 μm 表示上自由空间 V_1。由于图 4.3 中主要的位移分量为 u_1，同时厚度方向存在两个节点，因此振型为二阶厚度剪切模态(TS2)。由于图 4.4 中主要的位移分量为 u_3，且板上下表面的 u_3 方向相反，因此振型为厚度拉伸模态(TE)。与第 3 章不同，这里的结构具有上下对称性，因此机械位移、应力、电势以及电位移关于 $x_3=0$ 总是具有对称或反对称的特征。

对于图 4.3 和图 4.4 中具有高电导(σ_s=1000 S)的点 A 和点 C，可以发现在压电板的上下表面以及上下自由空间中，电势恒为零，这符合电学短路的特征。此外，具有零电导的点 B 和点 D 是电学开路的情况，它们的电势和电位移在压电板的上下表面连续，符合零电导下式(4.12)的特征；此外，当远离压电板时，上下自由空间中的电势和电位移分布都是衰减的，这符合式(4.7)的特征。

对于这里考虑精确电学开路条件的点 B 和点 D，可以发现压电板表面的电位移 D_3 非常小，接近于零，这表明许多工作中采用的简化电学开路边界，即 $D_3=0$，是可行的。但对于不同的模态，这种简化的电学开路边界引起的误差是不同的。例如在图 4.3(h)，可以发现压电板表面的 D_3 非常接近于零，表明电位移为零的简化误差很小；而在图 4.4(h)中压电板表面的 D_3 虽然较小，但明显非零，因此电位移为零的简化误差更大些。

对于图 4.2 中所有的曲线分支，可以发现高电导分支的频率总是比零电导低。但不同分支下，高电导和零电导的频率差异是不同的，而截止频率附近的差异特别受关注，因为它们会直接影响器件的谐振性能。在波数接近零的区域，可以发现弯曲模态、拉伸模态、二阶厚度剪切模态以及四阶厚度剪切模态在不同的电导下有着更小的频率差异，而这些模态有一个相同的特征，就是它们的主要位移分量关于板的中轴线 $x_3=0$ 呈对称分布，例如图 4.3 中二阶厚度剪切模态的 u_1。这表明波数接近零的区域，对称模态的频率对上下表面的电导变化不敏感。

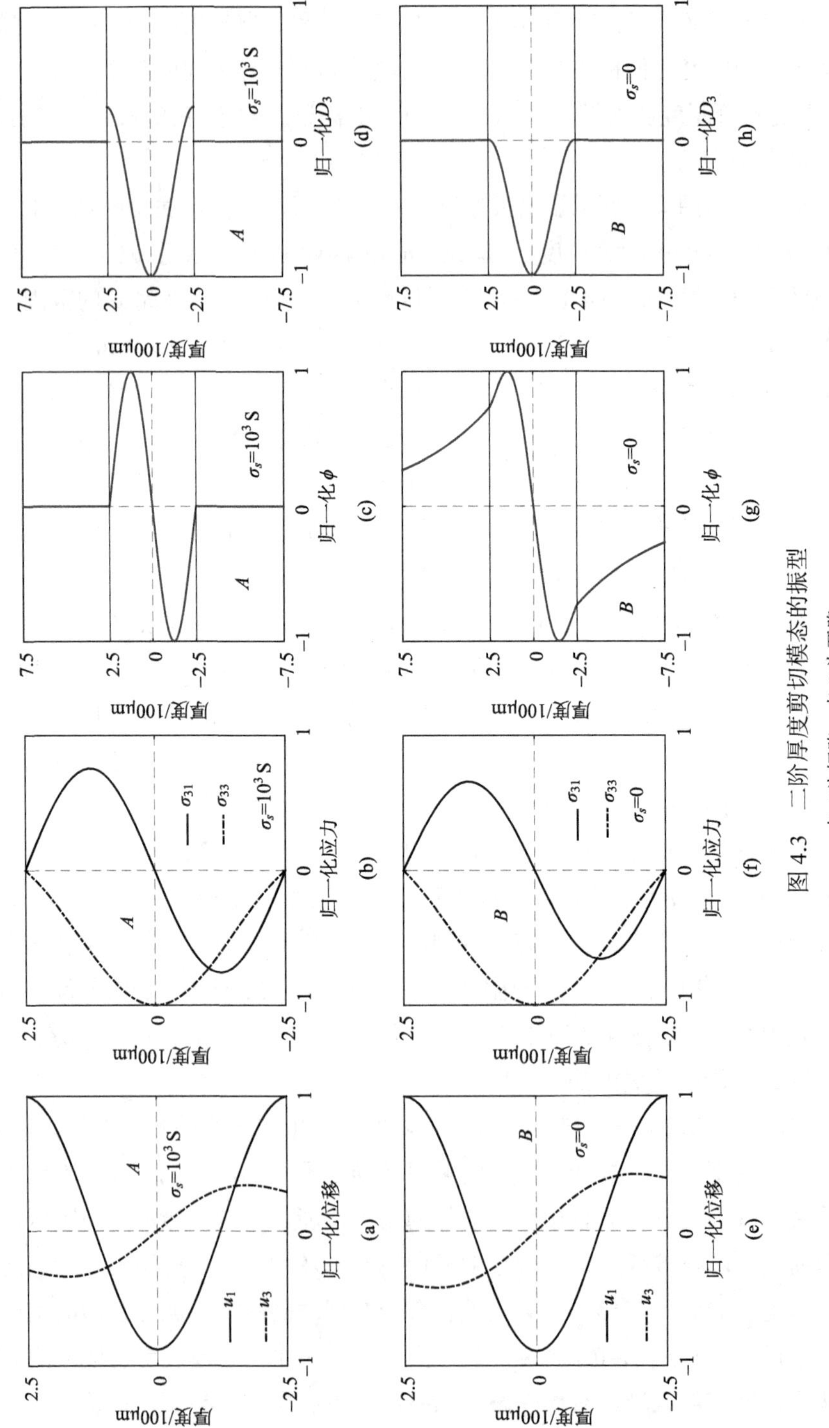

图 4.3　二阶厚度剪切模态的振型

点 A 为短路，点 B 为开路

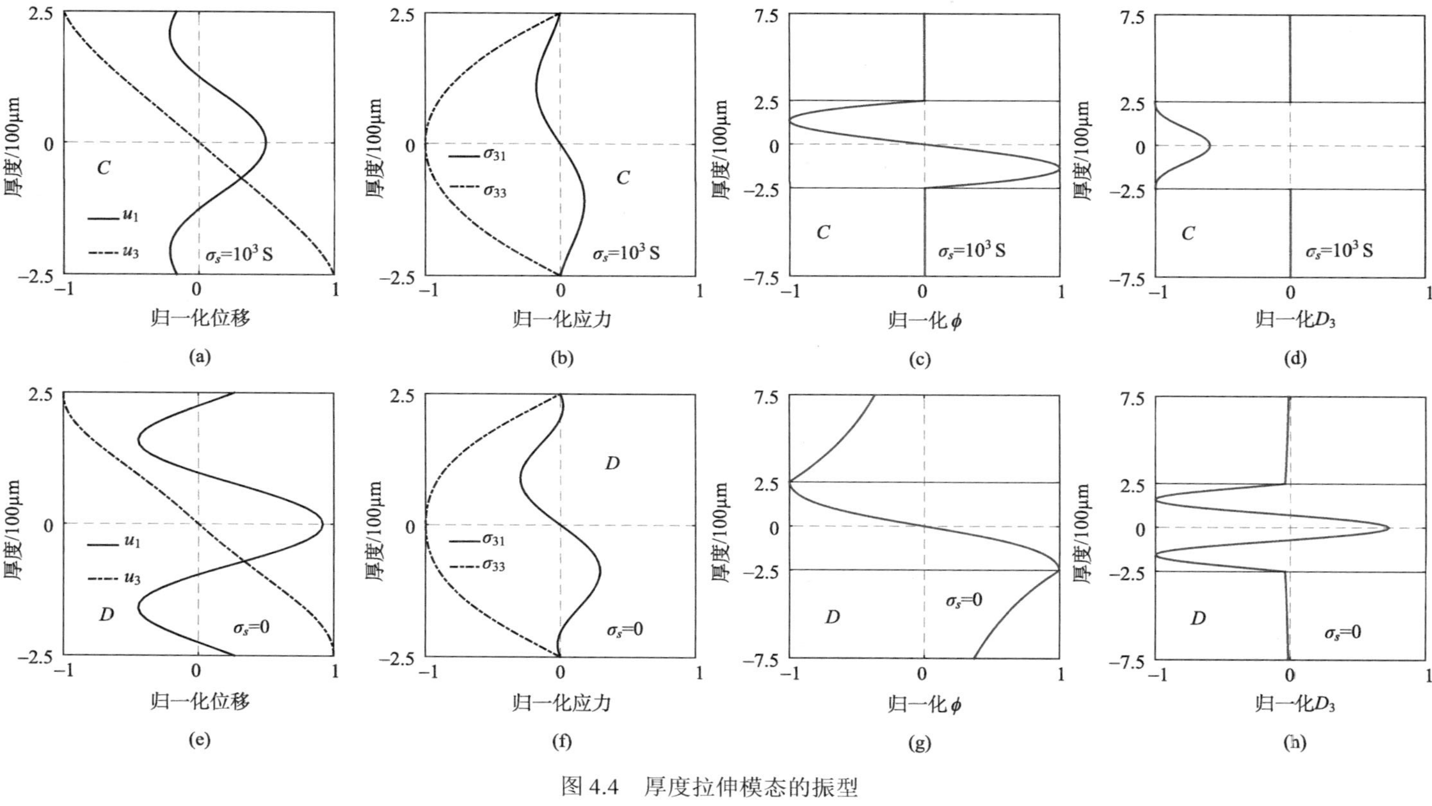

图 4.4　厚度拉伸模态的振型

点 C 为短路，点 D 为开路

此外，对于一阶厚度剪切模态、厚度拉伸模态和三阶厚度剪切模态，在波数接近零的区域，不同的电导下的频率差异更大。这些模态的共同特征是，主要位移分量关于板的中轴线 x_3=0 呈反对称分布，例如图 4.4 中厚度拉伸模态的 u_3。这表明波数接近零的区域，反对称模态的频率对上下表面的电导变化更敏感。

4.3.3 一般电导的频散曲线和振型

除了 4.2.2 节中讨论的短路(高电导)和开路(零电导)两种例子，在一般电导的情况下压电板中的波是衰减的，因为此时表面薄膜电极中存在着电流，导致能量以热的方式耗散，这些特征可以从式(4.11)中看出。对于短路的情况，由于表面薄膜电极的电势为零，因此不存在能量耗散。此外，对于开路的情况，由于表面薄膜电极的电导(σ_s=0)为零，因此表面电流密度 J_1 是零。除了短路和开路这两种情况，一般电导时表面薄膜电极中的电势和电流密度 J_1 均非零，这导致了波的能量耗散，此时波数将变成复数，其虚部表示能量耗散的大小，如式(4.3)所示。频散方程式(4.15)将在实频率和复波数的情况下进行求解。作为一个示例，计算了电导 σ_s=10^{-5} S 的频散曲线。图 4.5 展示了与图 4.2 中对应的 7 条曲线分支的结果。

对比图 4.5(a)～(c)和图 4.2，可以发现在短路和开路的情况中，图 4.2 小波数区域中频率差异更大的频散分支在一般电导的情况下会获得更大的虚波数。这表明了一般电导的情况下，反对称模态(TS1, TE, TS3)波的损耗比对称模态更大。此外，由于图 4.2 中短路(高电导)和开路(零电导)的情况下，波数为纯实数，即虚部为零，结合图 4.5(d)，可以发现当电导从零增加到无穷时，同一频散分支的虚部从零开始增加，然后又开始减少到零。

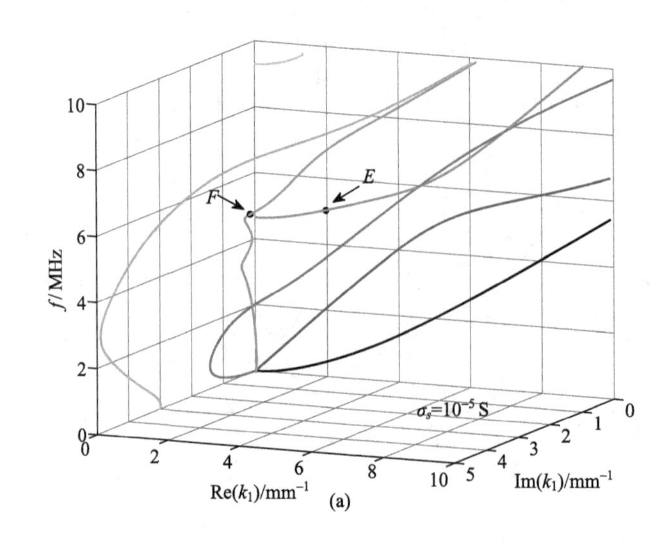

(a)

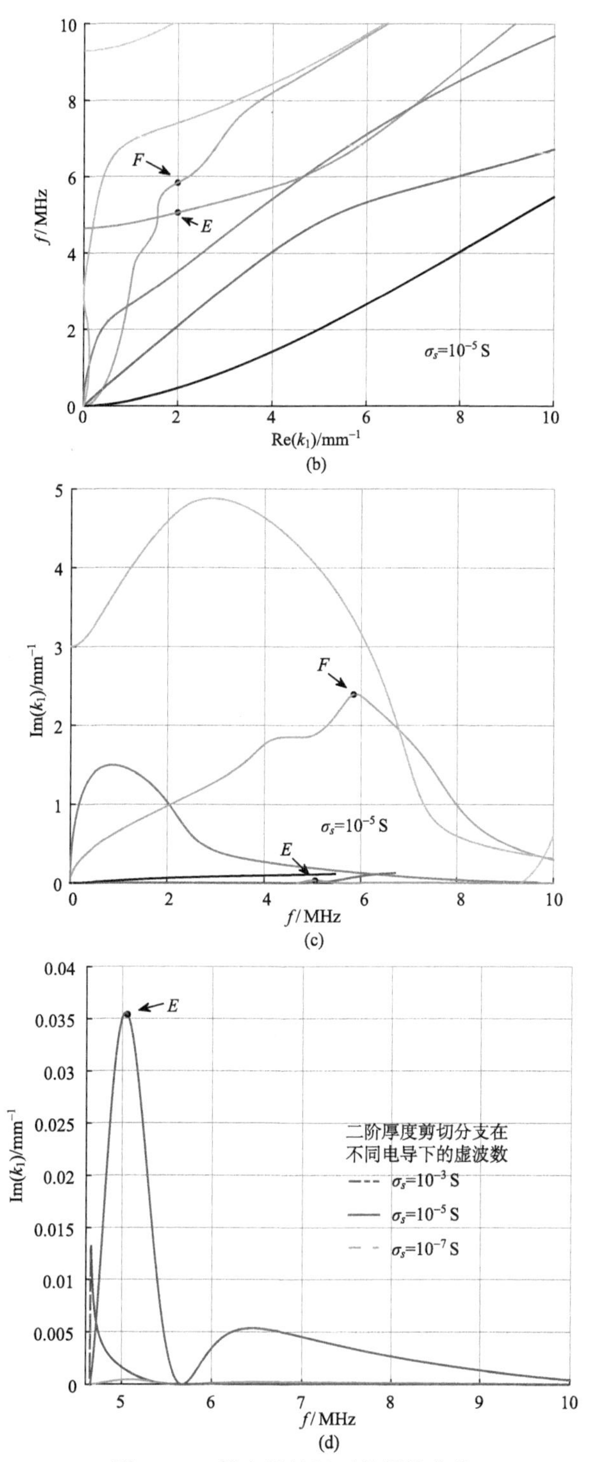

图 4.5　一般电导情况下的频散曲线

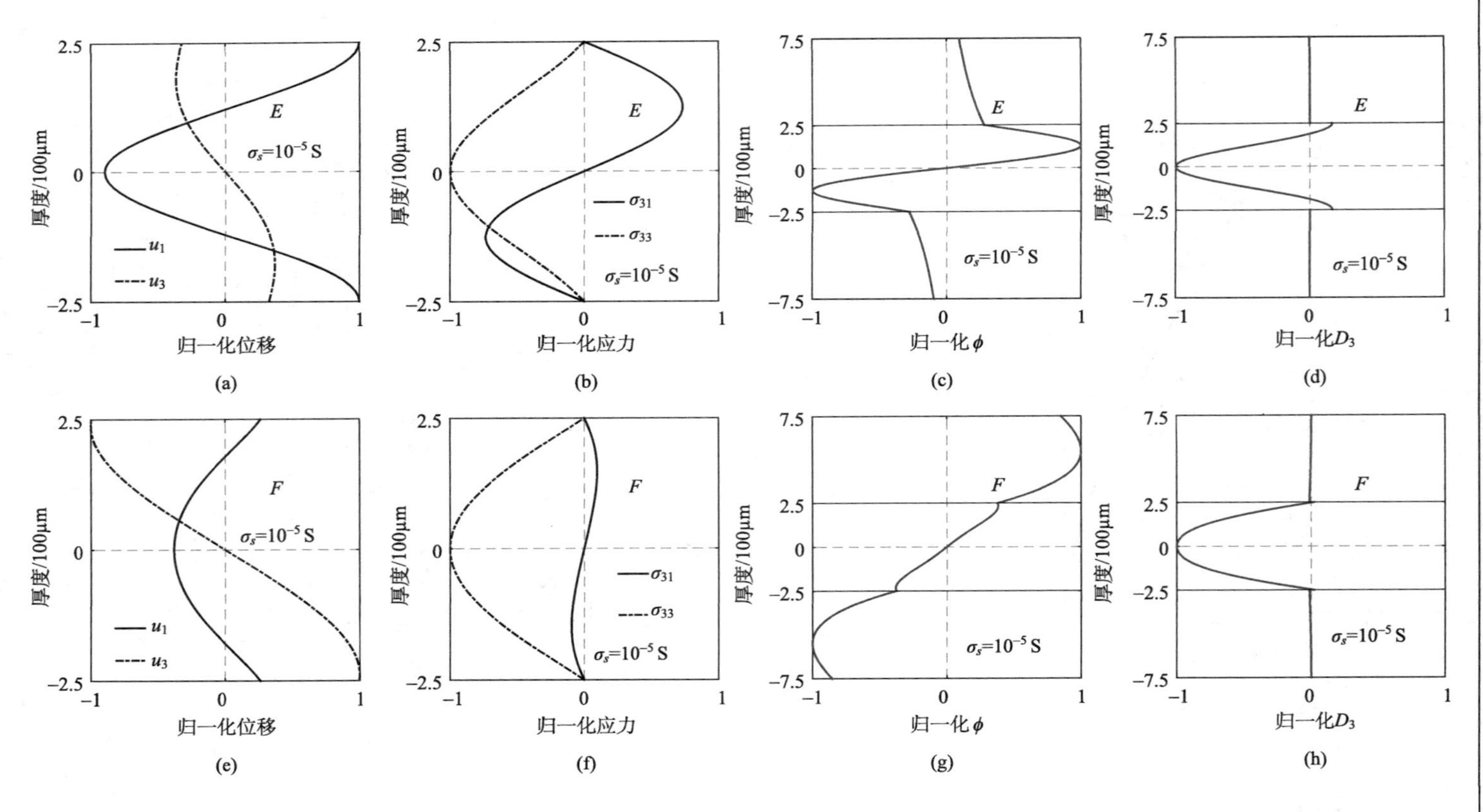

图 4.6　点 E 和点 F 的振型

除了频散曲线，进一步研究了一般电导情况下波的振型。与图 4.2 相对应，分别计算了第四阶和第五阶频散分支上实波数为 2 mm^{-1} 的点 E 和点 F 的振型，结果如图 4.6 所示。

与图 4.3 和图 4.4 相比，图 4.6 中点 E 和点 F 的振型同样分别是二阶厚度剪切模态（TS2）和厚度拉伸模态（TE）。然而，在图 4.5（b）中可以发现，随着波数趋向于零，第五阶分支曲线的频率会降低至零，当频率降低后，振型也会发生变化，不再是厚度拉伸模态。

对于电位移和电势，一般电导情况下的一个重要差异是上下表面的电势连续但非零，且电位移不连续，这不同于图 4.3 和图 4.4 中的情况。另一个差异是上下自由空间中的电势，由于点 F 的虚部较大，点 F 的电势在空间中先增大然后才开始降低。而对于虚波数为零或很小的情况，电势一直保持降低，如点 A 到点 E 所示。

4.4　本 章 小 结

本章研究了具有任意表面电导的压电板中 Lamb 波的波动特性。

结果表明对于开路电学条件，上下表面的电位移很小，接近于零，因此用表面电位移为零作为近似开路电学条件是可行的。但这种近似在不同模态的情况下造成的误差是不同的，需要更小心的使用，特别是本章采用的铌酸钾这类具有较大压电常数的材料。

对于一般电导的情况，结果表明不同模态的频率在小波数区域对电导变化的敏感性不同，这些频率对电导变化更敏感的模态在一般电导的时候会有更大的能量损耗。当电导从零增加到很高时，波的能量损耗会从零开始增加，然后再次降低到零。

参 考 文 献

[1] Pang Y, Liu Y-S, Liu J-X, et al. Propagation of SH waves in an infinite/semi-infinite piezoelectric/piezomagnetic periodically layered structure. Ultrasonics, 2016, 67: 120-128.

[2] Zhang X, Zhang C, Yu J, et al. Full dispersion and characteristics of complex guided waves in functionally graded piezoelectric plates. Journal of Intelligent Material Systems and Structures, 2019, 30(10): 1466-1480.

[3] Yang J, Zhou H. On the effect of the electric field in the free space surrounding a finite

piezoelectric body. IEEE Transactions on Ultrasonics Ferroelectrics and Frequency Control, 2006, 53(9): 1557-1559.

[4] Zgonik M, Schlesser R, Biaggio I, et al. Materials constants of $KNbO_3$ relevant for electro- and acousto-optics. Journal of Applied Physics, 1993, 74(2): 1287-1297.

第 5 章　压电半导体俘能器中的波动特性

5.1　引　　言

一些压电材料同时具有半导体效应，例如氧化锌。在制作 FBAR 等压电器件时，半导体效应是不利的，因为载流子的迁移会降低压电势，产生额外的能量损耗。通常在研究这些器件时，半导体效应是被忽略的。若半导体效应对器件的负面影响较大，那么需要通过制备工艺降低压电材料中的载流子浓度来弱化这些影响。

此外，压电效应和半导体效应相结合的压电半导体材料也有广泛应用。可以制成能量采集器(机械能转化为电能)[1-5]、场效应晶体管[6-8]、声波电荷传输装置[9]，以及应变、气体、湿度和化学传感器等[6,10]。这些纳米器件可以有多种结构，如纤维状(纳米线)、管状、螺旋带状、薄膜状等[6,7,11]。这些结构可以是单一结构[12-15]，也可以形成阵列[16-18]。

为了研究压电半导体器件中的动态耦合性质，本节将采用一个力电载流子耦合的精确本构方程来描述这类材料的波动行为，取代静态变形或耦合简化的本构关系。这里考虑板结构中的 SH 波，与其他动态形式相比，SH 波的位移分量最少，因此可以更多地讨论半导体效应的相关影响，避免不必要地关注材料各向异性造成的复杂弹性特性(材料各向异性对波动的影响将在下一章详细讨论)。值得注意的是，SH 波的反平面位移必须沿着极化方向 c 轴 x_3，这样可以避免 3.2.3 节中力电解耦的情况。

由于考虑了一种特定的动态形式(即 SH 波)，所以整个结构的场量(位移、电势、载流子)具有 SH 波的分布特征，这与上述压电半导体纳米结构的实际情况完全不同。然而，在不同的约束和结构中，压电半导体效应的耦合机制是相同的。通过研究压电半导体板中的波动特征得到的一些结论，同样适用于具有各种形状及约束的实际器件，例如，在 5.4.4 节中，以纳米线压电半导体俘能器[12,19-21]为例，阐述了如何用本章的结果改进其性能。

5.2 理 论 推 导

5.2.1 压电半导体控制方程

基于三维唯象理论的压电半导体控制方程包括运动方程、静电学的电荷方程以及电子和空穴的电荷守恒(连续性方程)，如下所示：

$$\begin{aligned}&\sigma_{ji,j}=\rho\ddot{u}_i\\&D_{i,i}=q(p-n+N_D^+-N_A^-)\\&J_{i,i}^p=-q\dot{p}\\&J_{i,i}^n=q\dot{n}\end{aligned}\tag{5.1}$$

这里采用爱因斯坦求和约定，其中 ρ 是质量密度；u_i 为位移矢量；σ_{ij} 为应力张量；D_i 为电位移矢量；q 是基本电荷(1.6×10^{-19} C)；p 和 n 分别是空穴和载流子浓度；N_D^+和 N_A^-是施主与受主的掺杂浓度；J_i^p 和 J_i^n 是空穴和电子的电流密度。与式(3.2)相同，逗号紧跟一个下标表示对该下标代表的坐标偏导数，一个圆点上标表示对时间的一次偏导$\partial/\partial t$。在式(5.1)中忽略了载流子的产生与复合，对应于式(5.1)的本构方程为

$$\begin{aligned}&\sigma_{ij}=c_{ijkl}S_{kl}-e_{kij}E_k\\&D_i=e_{ikl}S_{kl}+\varepsilon_{ik}E_k\\&J_i^p=qp\mu_{ij}^pE_j-qD_{ij}^pp_{,j}\\&J_i^n=qn\mu_{ij}^nE_j+qD_{ij}^nn_{,j}\end{aligned}\tag{5.2}$$

其中 S_{ij} 为应变张量；E_k 为电场强度；c_{ijkl} 为弹性张量；e_{ijk} 为压电常数；ε_{ij} 为介电常数；μ_{ij}^n 和 μ_{ij}^p 是电子和空穴的迁移率；D_{ij}^n 和 D_{ij}^p 是电子和空穴的扩散系数。应变张量 S_{ij} 和电场强度 E_k 与位移 u_i 及电势 ϕ 的关系如下：

$$\begin{aligned}&S_{ij}=(u_{i,j}+u_{j,i})/2\\&E_i=-\phi_{,i}\end{aligned}\tag{5.3}$$

将空穴和电子浓度写成初始浓度(p_0, n_0)和动态变化小量$(\Delta p, \Delta n)$的叠加，假设初始浓度和掺杂浓度相同，即

$$\begin{aligned}&p=p_0+\Delta p,\quad n=n_0+\Delta n\\&p_0=N_A^-,\quad n_0=N_D^+\end{aligned}\tag{5.4}$$

对于本书假设均匀掺杂，掺杂浓度为常数。那么，式(5.1)的后三项变为

$$
\begin{aligned}
&D_{i,i} = q(\Delta p - \Delta n) \\
&q\frac{\partial}{\partial t}(\Delta p) = -J_{i,i}^{p} \\
&q\frac{\partial}{\partial t}(\Delta n) = J_{i,i}^{n}
\end{aligned} \tag{5.5}
$$

考虑到 $\Delta p, \Delta n$ 远小于 p_0, n_0，式(5.2)的后两项可以线性化为

$$
\begin{aligned}
J_i^p &= qp_0\mu_{ij}^{p}E_j - qD_{ij}^{p}(\Delta p)_{,j} \\
J_i^n &= qn_0\mu_{ij}^{n}E_j + qD_{ij}^{n}(\Delta n)_{,j}
\end{aligned} \tag{5.6}
$$

5.2.2　反平面问题

对于六方晶系 6mm 晶类的氧化锌，其材料常数形如式(3.1)，μ_{ij} 和 D_{ij} 有着与 ε_{ij} 相同的形式。考虑 $\partial/\partial x_3=0$ 的反平面问题，即 $u_1=u_2=0$，其余场量如下：

$$
\begin{aligned}
&u_3 = u(x_1, x_2, t), \quad \phi=\phi(x_1, x_2, t) \\
&\Delta p = \Delta p(x_1, x_2, t), \quad \Delta n = \Delta n(x_1, x_2, t)
\end{aligned} \tag{5.7}
$$

相应的应变和电场强度分量为

$$
\begin{bmatrix} S_5 \\ S_4 \end{bmatrix} = \begin{bmatrix} 2S_{31} \\ 2S_{32} \end{bmatrix} = \begin{bmatrix} u_{3,1} \\ u_{3,2} \end{bmatrix}, \quad \begin{bmatrix} E_1 \\ E_2 \end{bmatrix} = -\begin{bmatrix} \phi_{,1} \\ \phi_{,2} \end{bmatrix} \tag{5.8}
$$

相应 $\sigma_{ij}, D_i, J_i^p, J_i^n$ 的分量为

$$
\begin{aligned}
&\begin{bmatrix} T_5 \\ T_4 \end{bmatrix} = \begin{bmatrix} \sigma_{31} \\ \sigma_{32} \end{bmatrix} = c\begin{bmatrix} u_{3,1} \\ u_{3,2} \end{bmatrix} + e\begin{bmatrix} \phi_{,1} \\ \phi_{,2} \end{bmatrix} \\
&\begin{bmatrix} D_1 \\ D_2 \end{bmatrix} = e\begin{bmatrix} u_{3,1} \\ u_{3,2} \end{bmatrix} - \varepsilon\begin{bmatrix} \phi_{,1} \\ \phi_{,2} \end{bmatrix} \\
&\begin{bmatrix} J_1^p \\ J_2^p \end{bmatrix} = -qp_0\mu^p\begin{bmatrix} \phi_{,1} \\ \phi_{,2} \end{bmatrix} - qD^p\begin{bmatrix} (\Delta p)_{,1} \\ (\Delta p)_{,2} \end{bmatrix} \\
&\begin{bmatrix} J_1^n \\ J_2^n \end{bmatrix} = -qn_0\mu^n\begin{bmatrix} \phi_{,1} \\ \phi_{,2} \end{bmatrix} + qD^n\begin{bmatrix} (\Delta n)_{,1} \\ (\Delta n)_{,2} \end{bmatrix}
\end{aligned} \tag{5.9}
$$

其中 $c=c_{44}, e=e_{15}, \varepsilon=\varepsilon_{11}, \mu^n=\mu_{11}^n, \mu^p=\mu_{11}^p, D^n=D_{11}^n, D^p=D_{11}^p$。将式(5.9)代入式(5.1)的第一项及式(5.5)可得

$$
\begin{aligned}
&c\nabla^2 u + e\nabla^2\phi = \rho\ddot{u} \\
&e\nabla^2 u - \varepsilon\nabla^2\phi = q(\Delta p - \Delta n) \\
&\frac{\partial}{\partial t}(\Delta p) = p_0\mu^p\nabla^2\phi + D^p\nabla^2(\Delta p) \\
&\frac{\partial}{\partial t}(\Delta n) = -n_0\mu^n\nabla^2\phi + D^n\nabla^2(\Delta n)
\end{aligned} \tag{5.10}
$$

其中$\nabla^2=\partial^2/\partial {x_1}^2+\partial^2/\partial {x_2}^2$是二维拉普拉斯算子。

5.2.3　SH 波的频散方程

考虑图 5.1 中沿 x_1 方向传播的水平剪切波(SH 波)。在板内，有控制方程式(5.10)。考虑板上下没有电极覆盖，自由空间中的电场控制方程为

$$
\begin{aligned}
&\nabla^2\phi = 0, \quad |x_2| > h \\
&\phi \to 0, \quad x_2 \to \pm\infty
\end{aligned} \tag{5.11}
$$

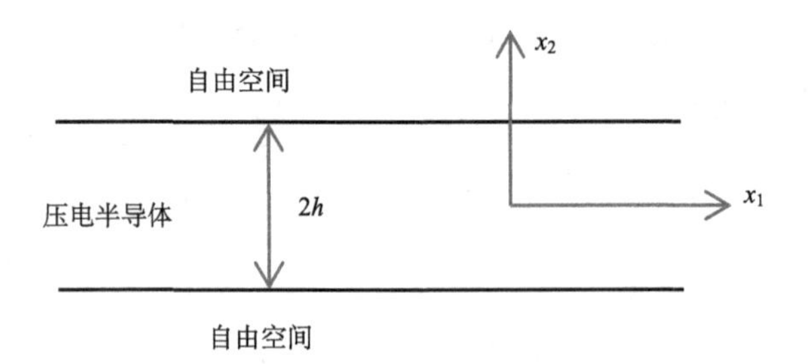

图 5.1　压电半导体板及坐标系

自由空间中的电位移为

$$
D_i = -\varepsilon_0\phi_{,i} \tag{5.12}
$$

在板的表面有 6 个边界条件和 4 个连续性条件如下：

$$
\begin{aligned}
&\sigma_{23}(\pm h) = 0, \quad J_2^p(\pm h) = 0, \quad J_2^n(\pm h) = 0 \\
&\phi(h^+) = \phi(h^-), \qquad D_2(h^+) = D_2(h^-) \\
&\phi(-h^+) = \phi(-h^-), \quad D_2(-h^+) = D_2(-h^-)
\end{aligned} \tag{5.13}
$$

假设沿 x_1 方向传播的 SH 波有如下简谐形式：

$$
\begin{Bmatrix} u \\ \phi \\ \Delta p \\ \Delta n \end{Bmatrix} = \begin{Bmatrix} A \\ B \\ C \\ D \end{Bmatrix} \exp(k_2 x_2)\exp[\mathrm{i}(k_1 x_1 - \omega t)] \tag{5.14}
$$

其中 A、B、C 和 D 是待定系数。把式(5.14)代入式(5.10)可得 A、B、C、D 的 4 个齐次线性方程组成的方程组。为了得到 A、B、C、D 的非平凡解，该方程组的系数矩阵行列式为零，由此可得一个 8 次多项式方程，数值求解方程的根为 8 个 $k_2(m)$，它们均为 ω, k_1 的函数，其中 m=1, 2,⋯, 8。每个 $k_2(m)$ 下，可以求解相应的系数比，表示为 $A(m)$、$B(m)$、$C(m)$、$D(m)$。这 8 个根的线性组合可得式(5.10)的一般解为

$$\begin{Bmatrix} u \\ \phi \\ \Delta p \\ \Delta n \end{Bmatrix} = \sum_{m=1}^{8} F(m) \begin{Bmatrix} A(m) \\ B(m) \\ C(m) \\ D(m) \end{Bmatrix} \exp\left[k_2(m)x_2\right]\exp[\mathrm{i}(k_1x_1-\omega t)] \tag{5.15}$$

其中 $F(m)$ 是待定的系数。自由空间中的简谐解假设为

$$\phi = \begin{cases} G\exp[k_1(h-x_2)]\exp[\mathrm{i}(k_1x_1-\omega t)], & x_2 > h \\ H\exp[k_1(h+x_2)]\exp[\mathrm{i}(k_1x_1-\omega t)], & x_2 < -h \end{cases} \tag{5.16}$$

其中 G 和 H 是待定的系数。当 k_1 的实部为正时，式(5.16)满足式(5.11)。把式(5.15)和式(5.16)代入方程式(5.13)，可得 10 个待定系数 $F(m)$、G、H 的 10 个齐次线性方程，为了得到非零解，系数矩阵的行列式必须为零，这个为零的行列式就是频散方程。

5.3　压电半导体板中 SH 波频散曲线及振型

在数值计算中，氧化锌板材料参数如下：c_{44}=43 GPa，e_{15}=−0.48 C/m^2，ε_{11}=7.61×10^{-11} F/m，ρ=5700 kg/m^3[22]；n_0=1.2×10^{23} m^{-3}，μ^n=130×10^{-4} m^2/(V·s)[23,24]；p_0=2×10^{24} m^{-3}，μ^p=34×10^{-4} m^2/(V·s)[25]；$D^{n|p}=\mu^{n|p}\,kT/q$[26]。k 是玻尔兹曼常数，T 是热力学温度。在室温下 kT/q =0.026 V[27]。分别设置 h=1 μm 和 10 μm，如图 5.1 所示，相应的板的总厚度为 2 μm 和 20 μm。

5.3.1　频散曲线及其尺度依赖性

压电半导体板中波的频散曲线如图 5.2 所示。

在大多数情况下，波的频散性质不依赖结构的尺寸。当使用波数厚度乘积(k_1h)和频厚积(ωh)表示结果时，不同尺寸下的频散曲线是相同的。然而，由于电子和空穴的漂移，考虑半导体效应时的频散性质是尺寸依赖的。这里计算了两种尺寸下的频散曲线，一种为 h=1 μm 对应的板的厚度为 2 μm，另一种为 h=10 μm

对应的板的厚度为 20 μm。两种尺寸的结果在图 5.2 中做了对比。

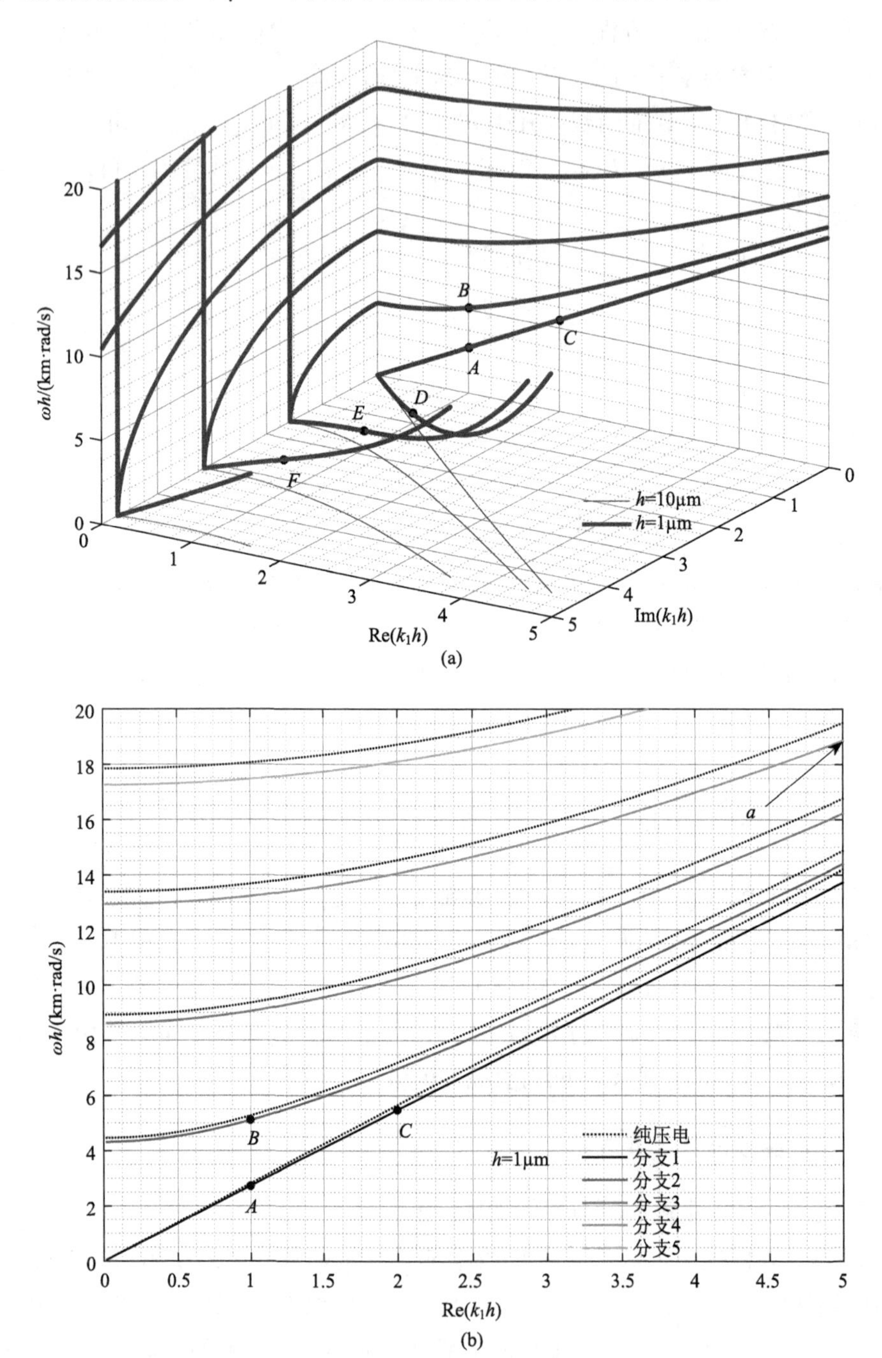

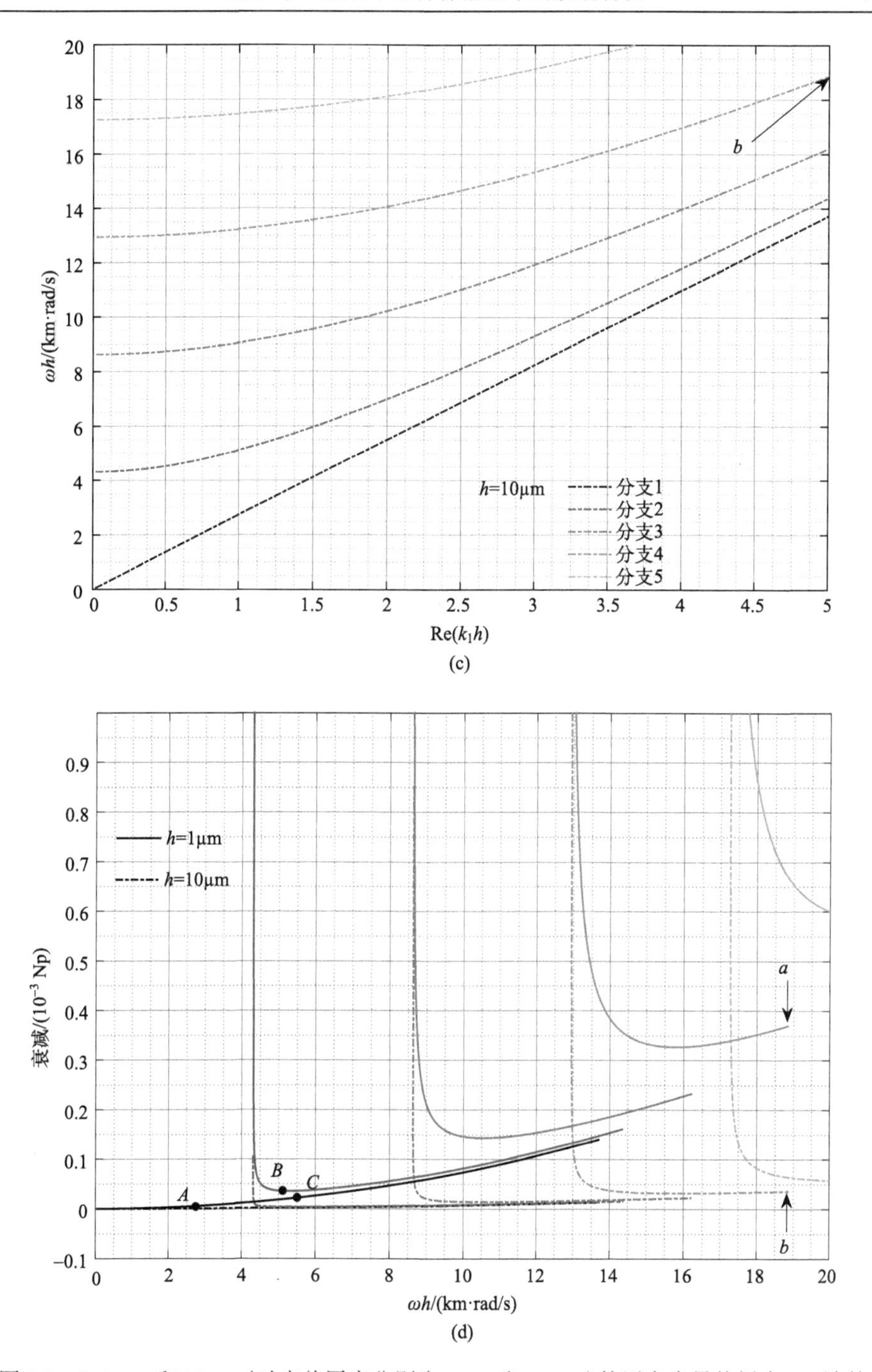

图 5.2 h=1 μm 和 10 μm(对应总厚度分别为 2 μm 和 20 μm)的压电半导体板中 SH 波的频散曲线

A，*B*，*C*，*D*，*E* 以及 *F* 是用于计算振型的 6 个采样点(h=1 μm)

图 5.2 中的频散曲线可以分为 3 个部分：接近平面 (Re (k_1h) - ωh) 具有小虚波数 Im (k_1h) 的曲线，接近平面 (Im (k_1h) - ωh) 具有小实波数 Re (k_1h) 的曲线，以及同时具有较大实波数 Re (k_1h) 和虚波数 Im (k_1h) 的曲线。在这 3 个部分的曲线中，当厚度改变时，同时具有较大实波数 Re (k_1h) 和虚波数 Im (k_1h) 的曲线有显著的区别，如图 5.2 (a) 所示。这部分曲线的频厚积具有尺寸依赖性，厚度越小，频率越大，且在不考虑半导体效应时，这部分的曲线是不存在的。此外，它们有独特的振型，下面将会通过 D、E 以及 F 这 3 个采样点来说明。

对于接近平面 (Im (k_1h) - ωh) 或者接近平面 (Re (k_1h) - ωh) 的这些曲线，如图 5.2 (a) 所示，不同厚度下的结果重合。在图 5.2 (b) ～ (d) 中，对不同尺寸下接近平面 (Re (k_1h) - ωh) 的曲线进行了详细对比，且用不同灰度标记了不同的曲线分支。为了更好地展示图 5.2 (b) ～ (d) 中曲线的对应关系，在这些图中标记了 2 个点 a 和 b 作为参考。可以发现，在图 5.2 (b) 和 (c) 中，两种尺寸下压电半导体板中的曲线相同，但和只考虑位移、电势而忽略载流子的没有半导体效应的情况相比，半导体效应会降低各阶曲线的频率，如图 5.2 (b) 所示。频率的降低表示波的动能下降，且从分支 1 到分支 5，频率降低越明显，表明动能减少越大。

此外，如图 5.2 (d) 所示，半导体效应也导致了尺寸依赖的波的衰减，尺寸越小，衰减越大。波的衰减定义为声波传播单位距离的损耗，即奈培每米 (Np/m) [28]。波的衰减进一步等于虚波数 Im (k_1)，这可以从式 (5.15) 的 $\exp[\mathrm{i}(k_1x_1-\omega t)]$ 中看出，其中 k_1 虚部导致了衰减项 $\exp[-\mathrm{Im}(k_1)x_1]$。从图 5.2 (d) 可以很明显地看出，不同的曲线分支有不同的波的衰减。除了分支 1 以外，分支 2～5 均与接近平面 (Im (k_1h) - ωh) 的曲线相连，如图 5.2 (a) 所示，因此在图 5.2 (d) 中，分支 2～5 的波的衰减随着频率先减小再增大，而分支 1 的波的衰减随着频率增加而增加。

5.3.2 不同模态的振型特征

5.3.1 节中的结果初步表明半导体效应会显著改变波动特征。为了进一步揭示波动特征的变化，如图 5.2 所示，在 h=1 μm 的频散曲线上，选取了 6 个点 A，B，C，D，E 以及 F 来计算振型，包括位移 u、电势 ϕ 以及空穴和电子的浓度变化 Δp，Δn。在这 6 个点中，A，B 和 C 具有很小的虚波数 Im (k_1) 和较大的实波数 Re (k_1)；D，E 和 F 同时具有较大的实波数 Re (k_1) 和虚波数 Im (k_1)。而接近平面 (Im (k_1h) - ωh) 的曲线上的点有着很大的虚波数与实波数比值 Im (k_1) /Re (k_1)，意味着这里的波几乎不传播，因此没有计算这部分点的振型。6 个采样点的详细波数和频率如表 5.1 所示。

表 5.1　采样点 A 至点 F 的波数及频率值

采样点	实波数 $\mathrm{Re}(k_1)$ /μm^{-1}	虚波数 $\mathrm{Im}(k_1)$ /μm^{-1}	圆频率 ω /(10^9 rad/s)
A	1	$5.507886600276184\times10^{-6}$	2.746609497585686
B	1	$35.666151399590280\times10^{-6}$	5.114453637711295
C	2	$22.108742623334130\times10^{-6}$	5.493223408245975
D	1	1.000004166626424	0.5828501468722845
E	1	1.862104046926044	1.085322846408292
F	1	3.296922749982948	1.921603379655913

对于振型在 x_1 方向的计算范围，沿传播方向 x_1 在一个波长内$[2\pi/\mathrm{Re}(k_1)]$计算了位移 u、电势 ϕ 以及空穴和电子的浓度变化Δp，Δn。因此，对于具有实波数 $\mathrm{Re}(k_1)$ =1 μm^{-1} 的点 A，B，D，E 和 F，x_1 的范围为 0～6.28 μm；对于具有实波数 $\mathrm{Re}(k_1)$ =2 μm^{-1} 的点 C，x_1 的范围为 0～3.14 μm。

对于振型在 x_2 方向的计算范围，在板厚$-h$～h 内(−1～1 μm)计算了位移 u 以及空穴和电子的浓度变化Δp，Δn。然而对于电势 ϕ，x_2 方向的计算范围是−3～3 μm，包括−3～−1 μm 内的底部自由空间、−1～1 μm 内的板以及 1～3 μm 内的顶部自由空间。A，B，C 3 点的振型如图 5.3 所示，D，E，F 3 点的振型如图 5.4 所示。

对于 A，B，C 这 3 点，空穴的浓度变化Δp 均和位移 u 有相同的分布，且与电子的浓度变化Δn 相反。对于 A 点和 C 点，它们处于相同的频散分支上，即图 5.2 中的分支 1，因此，这两点的振型相同。唯一的差异在于自由空间中电势 ϕ 的分布。由式(5.16)可见，对于 $h>0$ 的上自由空间，电势沿 x_2 方向的变化为 $\exp[k_1(h-x_2)]$，而 C 点的实波数 $\mathrm{Re}(k_1)$比 A 点大，所以在图 5.3 中，自由空间中 C 点的电势降低更快。将 A，B 两点的振型与 B 点相对比，可以观察到 SH 波的典型振型，即对于最低阶频散曲线分支 1，沿着板厚 u，ϕ，Δp，Δn 均为常数，而对于分支 2，沿着板厚 u，ϕ，Δp，Δn 有一个零节点，依次类推，具有相同规律的振型分布可以在更高阶曲线中观察到，这里省略了这些高阶曲线的振型。

如表 5.1 所示，A，B，C 3 点有较小的虚波数 $\mathrm{Im}(k_1)$和较大的实波数 $\mathrm{Re}(k_1)$，这意味着这 3 点波的衰减较小，所以图 5.3 中，在传播方向 x_1 一个波长内，波的振幅大小没有显著的变化。与这 3 点不同的是，D，E，F 3 点同时有较大的虚波数 $\mathrm{Im}(k_1)$和实波数 $\mathrm{Re}(k_1)$，因此如图 5.4 所示，波的振幅沿传播方向 x_1 在一个波长内明显减小了。进一步可以观察到，如表 5.1 所示，从 D 点到 E 点虚波数 $\mathrm{Im}(k_1)$越来

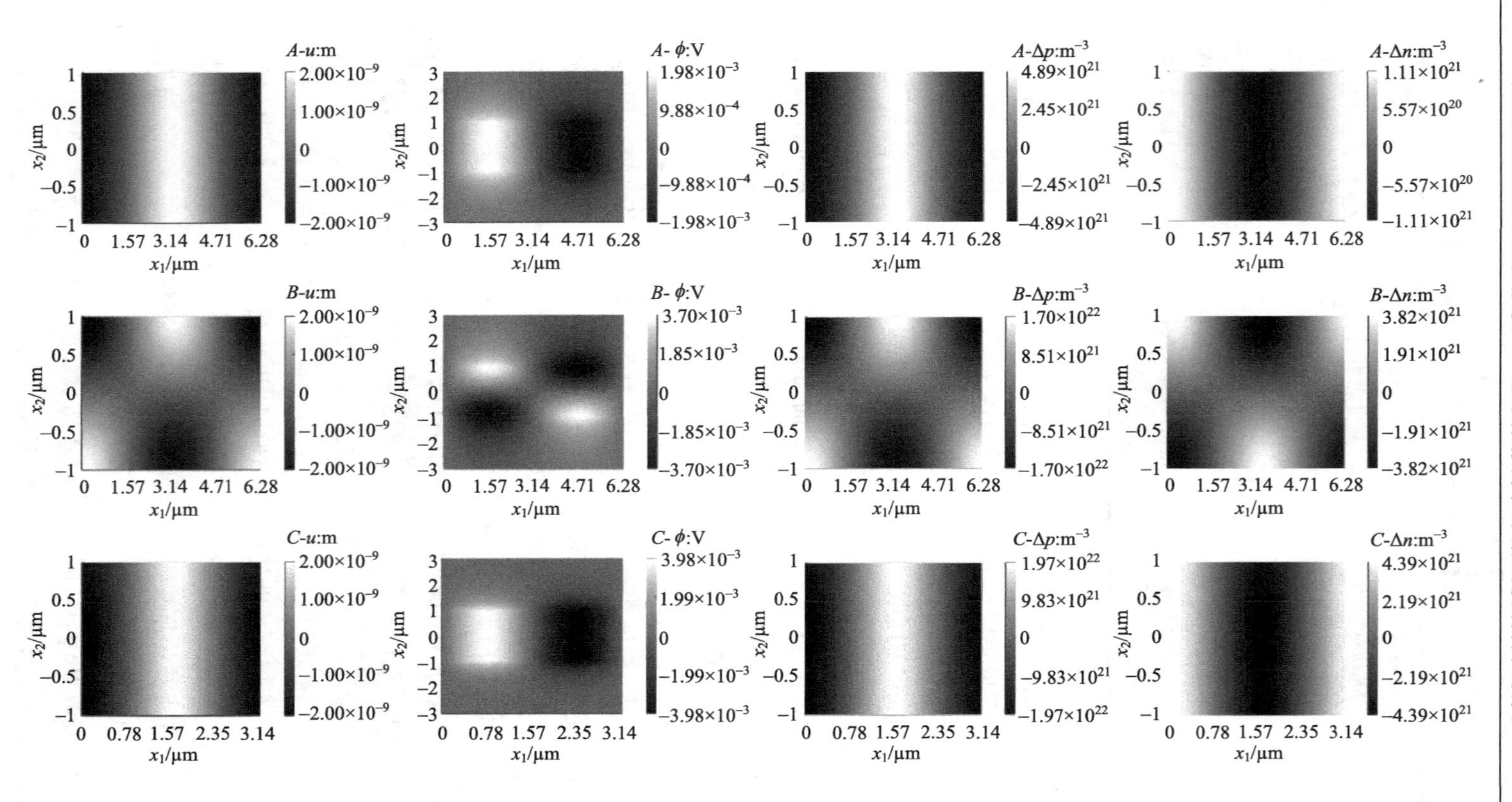

图 5.3　A，B，C 3 点的位移 u、电势 ϕ 以及空穴和电子的浓度变化Δp，Δn

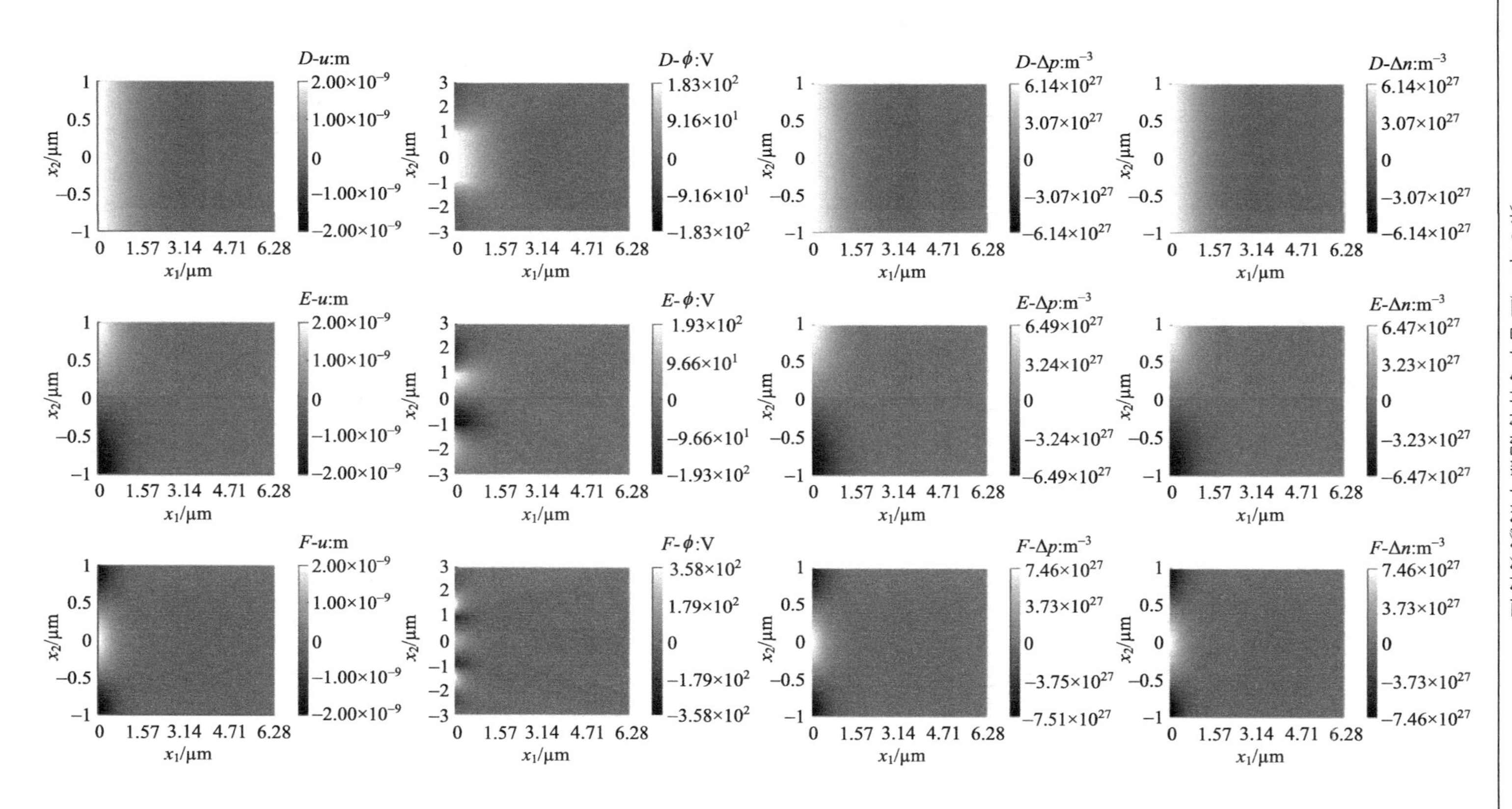

图 5.4　D，E，F 3 点的位移 u、电势 ϕ 以及空穴和电子的浓度变化 Δp，Δn

越大，对应地在图 5.4 中振幅沿 x_1 方向降低更快。在板内的厚度方向 x_2(−1～1 μm)上，D 点的 u，ϕ，Δp，Δn 保持常数，而 E 点和 F 点分别有一个零节点和两个零节点，这与图 5.3 中的规律相似。但不同的是，空穴的浓度变化Δp 与电子的浓度变化Δn 保持相同的分布，而图 5.3 中两者是相反的。

在图 5.1 中，板的上下表面没有外加荷载，是自由边界，因此在图 5.3 和图 5.4 中，u，ϕ，Δp，Δn 幅值的绝对大小是没有意义的，但比较它们幅值之间的相对大小可以得到有用的信息。在图 5.3 和图 5.4 的结果中，位移的最大幅值均被固定在了 2×10^{-9} m，而板厚为 2 μm，波长为 3.14 μm 和 6.28 μm，因此应变在 10^{-3} 量级，为正常的范围。同时注意到 $n_0=1.2\times10^{23}\ \text{m}^{-3}$，$p_0=2\times10^{24}\ \text{m}^{-3}$，可以发现在图 5.3 中，$\Delta p$ 和Δn 大约是 p_0 和 n_0 的 10^{-2}，而在图 5.4 中，Δp 和Δn 大约是 p_0 和 n_0 的 10^3～10^4 倍。注意到Δp 和Δn 分别为 p_0 和 n_0 的小量(该假设下得到了式(5.6))，因此图 5.3 中的Δp 和Δn 的幅值是合理的。如果将图 5.4 中Δp 和Δn 的量级调整到图 5.3 中的大小，那么图 5.4 的位移 u 也会相应降低，且远低于图 5.3 中的位移幅值。综上所述，可以发现图 5.3 中的振型是机械位移和空穴、电子漂移的耦合结果，而图 5.4 的振型是由空穴和电子漂移引起的，其机械位移可以忽略不计。正如 5.3.1 节所讨论的，图 5.2 中这些包含 D，E，F 点同时具有较大的虚波数 $\text{Im}(k_1)$和实波数 $\text{Re}(k_1)$的曲线分支在不考虑半导体效应的情况下是不存在的，它们是由空穴和电子漂移引起的压电半导体板的特有模态。

5.4 考虑与忽略半导体效应的对比

考虑与忽略半导体效应的频散曲线已经在图 5.2(b)中进行了对比，可以直观地发现半导体效应降低了波的频率。此外，半导体效应也会引起压电势的变化，为了作进一步的对比，对图 5.2(b)进行了局部放大，如图 5.5 所示。在忽略半导体效应的曲线上选取了两个新的采样点 G 和 H，它们分别对应于考虑半导体效应下的 B 点和 C 点。采样点的具体波数和频率如表 5.2 所示，振型对比如图 5.6 所示。

在图 5.6 中，G 点、H 点的位移分布分别与图 5.3 中 B 点、C 点的位移分布相同，但它们的电势分布完全不同。这里选取 H 点和 C 点作进一步的对比，同样的结论也可以从 G 点、B 点的对比中得出。

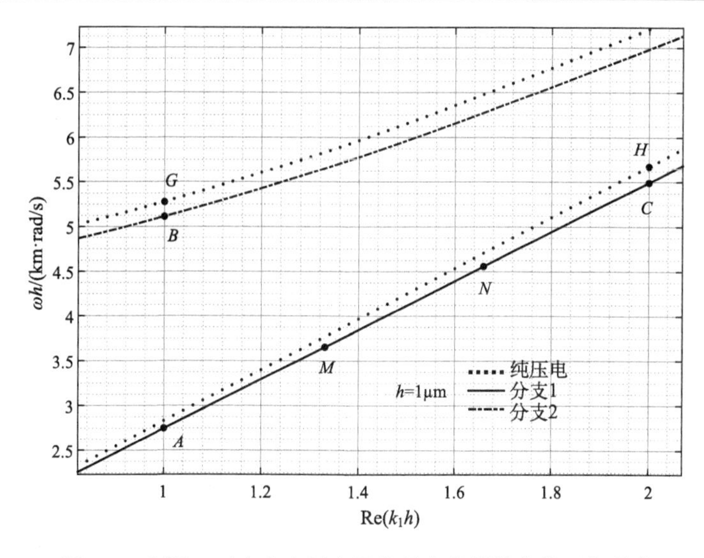

图 5.5　在图 5.2(b) 中有无半导体效应的频散曲线局部放大

表 5.2　在图 5.5 中采样点 G, H, M, N 的频率与波数值

采样点	实波数 $\mathrm{Re}(k_1)/\mu m^{-1}$	虚波数 $\mathrm{Im}(k_1)/\mu m^{-1}$	圆频率 $\omega/(10^9\ \mathrm{rad/s})$
G	1	0	5.280683984155558
H	2	0	5.673559401287316
M	1.33	$9.751868710437110\times10^{-6}$	3.652991388230763
N	1.66	$15.209081237091267\times10^{-6}$	4.559373916213955

5.4.1　有无半导体效应电势量级的差异

在图 5.3 和图 5.6 中，G 点和 B 点以及 H 点和 C 点之间的电势量级存在很大差异。这里首先讨论不考虑半导体效应时电势的量级大小。当忽略半导体效应时，式(5.10)中的第二项的右端为零，结合式(5.14)可以发现此时比值 ϕ/u 的量级近似为 10^{10} $(e_{15}/\varepsilon_{11})$。这个量级与图 5.6 中 G 点和 H 点的 ϕ/u 比值的量级大小相当，这表明了图 5.6 中忽略半导体效应所得结果的合理性。

此外，图 5.6 中位移的最大幅值同样被固定在了 2×10^{-9} m，这与图 5.3 中一致。而板厚为 2 μm，波长为 3.14 μm 和 6.28 μm，因此应变在 10^{-3} 量级，这个量级为线弹性的合理范围。在这个前提下，G 点和 H 点的电势量级为 10 V，这远远高于压电半导体器件的实验结果[18]。而图 5.3 中考虑半导体效应得到的 B 点和 C

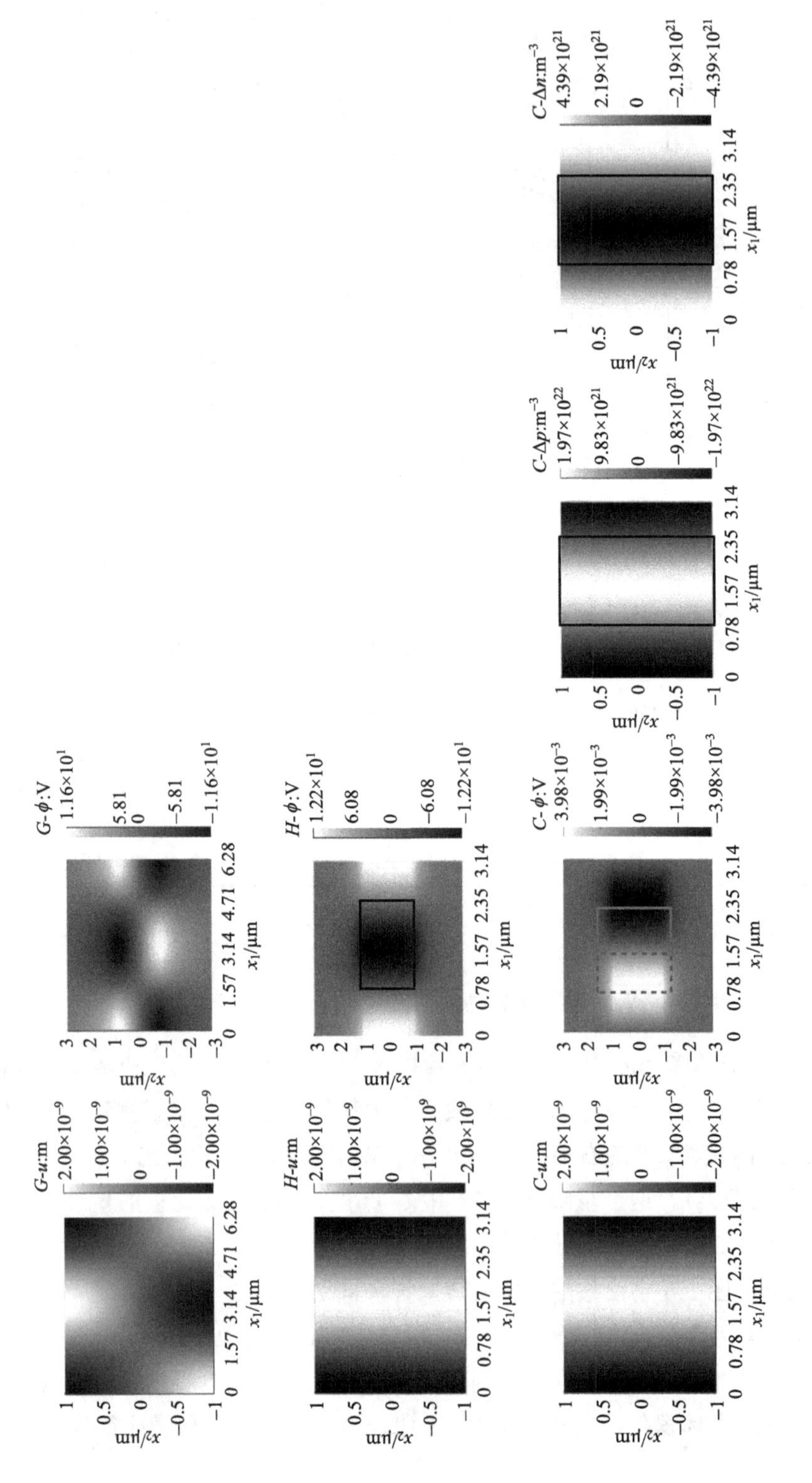

图 5.6　无半导体效应时 G 点、H 点的位移和电势，及与图 5.3 中 C 点的结果对比

点的电势量级与压电半导体器件实验结果的量级相当，均为 mV 大小[18]。这里的对比表明了半导体效应会显著降低压电效应的电势大小。

5.4.2　半导体效应对载流子/电荷的分布的影响

压电效应会产生电势差，形成电场并驱动载流子移动。因此，压电势的分布决定了载流子的分布。任意点的自由电荷密度等于载流子浓度乘以基本电荷，如式(5.5)中第一项，其右端 $q(\Delta p-\Delta n)$ 代表了电荷密度。这里的负号是因为电子带负电荷，所以在图 5.6 中，C 点的空穴和电子的分布是相反的。

为了更好地观察载流子分布和压电势分布之间的关系，在图 5.6 中 H 点的电势分布、C 点的空穴及电子分布上，用黑色方框标记了相同的区域，即 x_1 为 0.78～2.35 μm，x_2 为−1～1 μm。可以发现，对于不考虑半导体效应的 H 点，在黑色方框内压电势为负，考虑半导体效应后，C 点的对应区域内受负压电势的驱动，带有正电荷的空穴(Δp)在此处聚集，而带负电荷的电子(Δn)在此处扩散开。这就是所谓的载流子对压电势的屏蔽效应[12,21]。电子和空穴的迁移中和了一部分压电势，形成了新的 C 点的电势分布。

5.4.3　有无半导体效应电势分布的差异

图 5.6 中，H 点(无半导体效应)的电势分布和 C 点(有半导体效应)的电势分布是不同的，两者沿 x_1 方向有相位差。这种差异是由波的动态传播引起的，具体讨论如下。

注意到波沿 x_1 正方向传播，同时 H 点的最低电势处于 x_1=1.57 μm，在这种情况下，x_1 在 1.57～2.35 μm 区域内的电势将继续降低，这是因为最低电势即将传播到此区域。由于压电势继续降低，更多带正电的空穴将在此处聚集，但总的电势(包括压电势和载流子屏蔽的共同作用)仍然保持为负，否则正的总电势会阻止空穴的聚集。因此，在考虑半导体效应的 C 点的对应区域内(x_1 为 1.57～2.35 μm)，电势为负，如图 5.6 中实线框所标记。

此外，由于 H 点的最低电势(x_1=1.57 μm)已经经过了 x_1 为 0.78～1.57 μm 的区域，这些区域的负压电势开始增大，所以受负压电势吸引而聚集在此处的带正电荷的空穴开始扩散。尽管压电势为负，但总的电势(包括压电势和载流子屏蔽的共同作用)是正的，否则负的总电势会阻止空穴的扩散。因此，在考虑半导体效应的 C 点的对应区域内(x_1 为 0.78～1.57 μm)，电势为正，如图 5.6 中虚线框所标记。类似的讨论同样适用于 x_1 为 0～0.78 μm 和 x_1 为 2.35～3.14 μm 的区域，这里不再赘述。

由于空穴在 x_1 为 1.57～2.35 μm 的区域内聚集，在 x_1 为 0.78～1.57 μm 的区域内扩散，可以发现图 5.6 中空穴浓度最高的位置处于 x_1=1.57 μm。压电势(点 H)和总电势(点 C)的分布关系可以总结为：总电势的正负不依赖于压电势的正负，只依赖于压电势随时间的变化趋势，压电势有增加趋势的区域内(x_1 为 0～1.57 μm)总电势为正，压电势有降低趋势的区域内(x_1 为 1.57～3.14 μm)总电势为负。

5.4.4 变形恢复阶段俘获能量的理论可行性

5.4.3 节中的讨论对于提高压电半导体纳米俘能器的性能有很大帮助。为了说明这点，这里先讨论如何区分产生变形的阶段和变形恢复的阶段。在图 5.6 中，根据点 H 的压电势的变化趋势，可以判断正在产生变形还是变形正在恢复。当压电势远离零时(包括负压电势继续降低或正压电势继续升高)，结构正在产生变形；而当压电势趋于零时(包括负压电势开始增加或正压电势开始降低)，结构的变形正在恢复。因此，在图 5.6 中，由于波沿 x_1 正方向传播，x_1 为 1.57～2.35 μm 的区域内，点 H 的负压电势将继续降低，因此 x_1 为 1.57～2.35 μm 的区域为正在产生变形的阶段。类似地，同样为变形产生阶段的区域还有 x_1 为 0～0.78 μm(正压电势继续升高)，变形恢复阶段的区域有 x_1 为 0.78～1.57 μm(负压电势开始增加)和 x_1 为 2.35～3.14 μm(正压电势开始降低)。

在以往的工作中[12,19,20]，研究者只在产生变形的阶段来俘获能量，而 5.4.3 节中的讨论表明，在变形恢复阶段也可以俘获能量。例如，图 5.6 中，x_1 为 0.78～1.57 μm 的区域为变形恢复阶段，对应压电半导体中(点 C)的总电势为正，且空穴的浓度高于正常水平($\Delta p>0$)，那么对于 p 型半导体来说，这是与零电势的金属探针接触来俘获能量的好时机。

这里进一步结合具体的器件，以 p 型半导体氧化锌纳米线的俘能过程[21]为例，阐述如何在变形恢复阶段俘获能量。首先，解释 p 型半导体氧化锌纳米线已报道的俘能过程[21]：当用原子力显微镜探针弯曲纳米线时，拉伸的一侧会有正电势，而压缩的一侧会有负电势。当探针接触到拉伸的一侧时，由于金属探针的电势为零，那么 p 型半导体中的多数载流子(空穴)会从纳米线流入探针中，能量被俘获。当探针接触到弯曲一侧时，弯曲侧的负电势会阻止空穴穿过半导体和探针的界面，这种金属-半导体界面特性称为肖特基势垒。实际上，在纳米线拉伸的一侧，电势为正，空穴会向压缩一侧扩散，导致这里的空穴浓度低于正常水平，如同图 5.6 中 x_1 为 0～0.78 μm 的区域，点 C 的电势为正，但$\Delta p<0$。这降低了能量的采集效率。

接着，考虑当探针停止弯曲纳米线，产生的变形开始恢复的阶段。由于变形开始恢复，压电势开始趋于零，这导致受负压电势驱动而聚集在弯曲一侧的空穴开始扩散开，所以总的电势(包括压电势和载流子屏蔽的共同作用)为正，否则负的总电势会阻止空穴的扩散。这种情况下，压缩侧的变形在恢复，总的电势为正，而由于先前负压电势的吸引，这里聚集了高于正常水平的空穴($\Delta p>0$)，因此对于 p 型半导体，这是与金属探针接触采集能量的好时机。如图 5.6 中 x_1 为 0.78～1.57 μm 的区域，点 C 的电势为正，且$\Delta p>0$，十分有利于能量采集。但通常变形恢复的阶段，金属探针已经不再与纳米线接触，因此这部分的能量完全损失掉了，如果把这部分变形恢复阶段的能量俘获到，压电半导体纳米俘能器的效率会大大增加。

5.5　压电半导体电势幅值的影响因素

在 5.4.1 节中已经得到结论，半导体效应会显著降低压电效应的电势幅值。这里进一步研究如何提高压电半导体中的电势幅值，这对于纳米发电机的输出性能很重要。

5.5.1　波的相同模态上电势变化的规律

在 5.3.2 节中，已经讨论了同一模态上电势在自由空间中的分布是不同的，如在图 5.3 中，相比较点 A 的电势，由于点 C 的实波数 $\mathrm{Re}(k_1)$ 更大，点 C 的电势在自由空间中降低更快。实际上，除了这点差异，也可以看到当位移幅值相同时，点 C 的电势幅值大于点 A 的电势幅值(点 C 为 3.98 mV，点 A 为 1.98 mV)。这种电势幅值的大小关系并不是随机出现的。为了用更多的例子说明这点，在图 5.5 中，点 A 和点 C 所处的分支上，额外选取了两个采样点 M 和 N，它们的具体数值如表 5.2 所示，振型如图 5.7 所示。

图 5.7 中沿 x_1 方向的计算范围仍然为一个波长 $2\pi/\mathrm{Re}(k_1)$，由于点 M 和点 N 的实波数 $\mathrm{Re}(k_1)$ 不同(如表 5.2 所示)，因此图 5.7 中沿 x_1 方向的计算范围也在变化。结合图 5.3 和图 5.7 可以发现，随着实波数 $\mathrm{Re}(k_1)$ 越来越大，点 A，M，N，C 的电势幅值也在变大。事实上，这个关系可以通过几何方程式(5.8) ($2S_{31}=u_{3,1}$) 以及位移表达式(5.15)中的指数项 $\exp[\mathrm{i}(k_1x_1-\mathrm{i}\omega t)]$ 来解释，根据这两项可以发现应变 S_{31} 正比于位移幅值和波数的乘积。当位移幅值固定在 2×10^{-9} m 时，点 A，M，N，C 对应的应变随着波数的增加而增加，这进一步导致了更大的压电势和总电势。

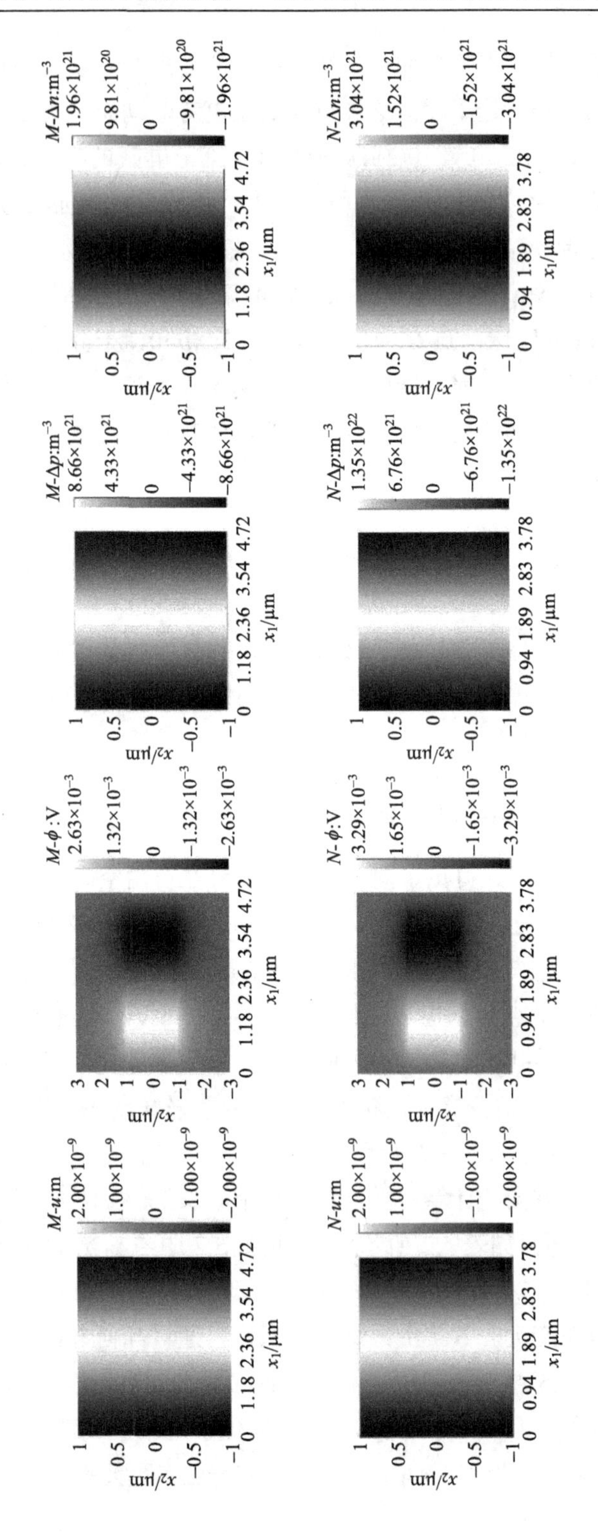

图 5.7　点 M 和点 N 的位移 u、电势 ϕ 以及空穴和电子的浓度变化 Δp，Δn

此外，更大的电势会导致更大的载流子浓度变化，如图 5.3 和图 5.7 中，点 A，M，N，C 的 Δp 和 Δn 依次增大，这些现象与通过近似电容方程[29]总结和预测的结果一致。这里的结果揭示了力学因素对压电半导体电势幅值的影响，接下来讨论电学影响因素。

5.5.2　n 型和 p 型半导体的电势幅值对比

以上的结果均是在载流子浓度参数 n_0=1.2×10^{23} m^{-3}，p_0=2×10^{24} m^{-3} 下计算的，改变这些参数并不影响最终得到的定性结论。实际上，在当前的计算参数下，半导体中的空穴浓度大于电子浓度，因此多数载流子为空穴，半导体为 p 型。这里进一步研究不同半导体类型(n 型和 p 型)对电势幅值的影响，为了避免其他因素的干扰，在保持其他参数不变的情况，交换两种载流子的浓度，得到了 n 型半导体 p_0=1.2×10^{23} m^{-3}，n_0=2×10^{24} m^{-3}。首先同样计算了 n 型半导体的频散曲线，结果与图 5.2 中相似，没有定性的差异。因此，在图 5.8 中，只展示了对应于图 5.5 包含分支 1 和分支 2 的 n 型半导体的部分频散曲线结果。同样标记了对应于点 A，B，C 的采样点 An，Bn，Cn，它们的具体数值如表 5.3 所示。

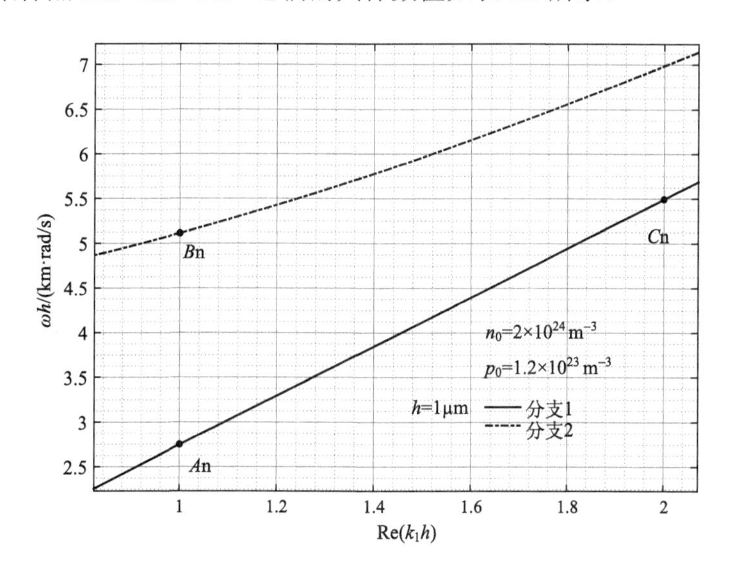

图 5.8　与图 5.5 相同范围的 n 型半导体的频散曲线

对比表 5.1 和表 5.3，可以发现点 A 和 An、B 和 Bn、C 和 Cn 的实波数相同，有相似的频率，但虚波数差异很大。此外，电势输出也有很大差异，如图 5.9 所示。

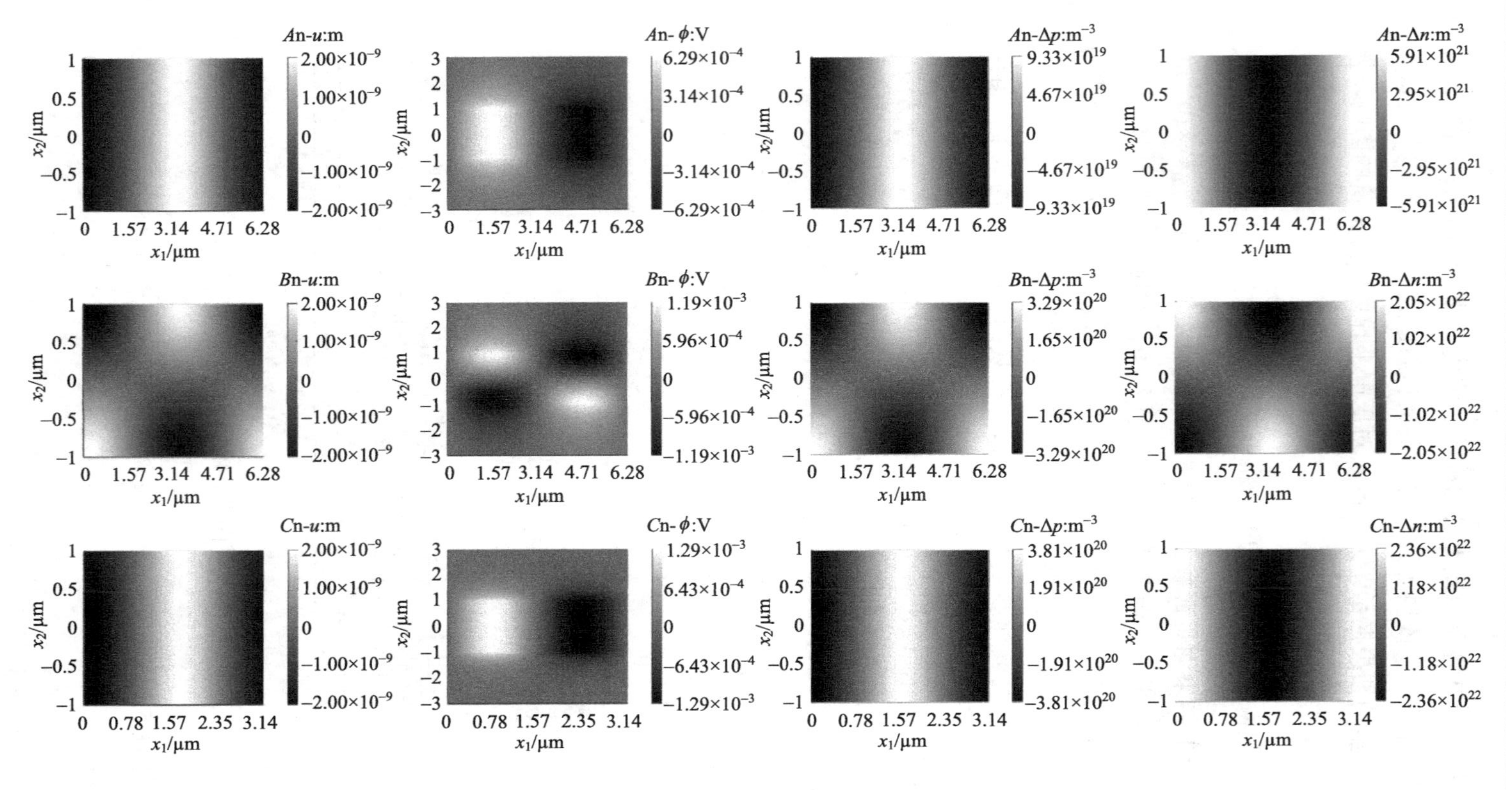

图 5.9　点 An，Bn，Cn 的位移 u、电势 ϕ 以及空穴和电子的浓度变化Δp、Δn

表 5.3　在图 5.8 中采样点 *A*n，*B*n，*C*n 的频率与波数值

采样点	实波数 $\mathrm{Re}(k_1)/\mu\mathrm{m}^{-1}$	虚波数 $\mathrm{Im}(k_1)/\mu\mathrm{m}^{-1}$	圆频率 $\omega/(10^9\ \mathrm{rad/s})$
*A*n	1	$1.741702318998035\times10^{-6}$	2.746609336452640
*B*n	1	$11.248627507553437\times10^{-6}$	5.114452628688503
*C*n	2	$6.969146877199411\times10^{-6}$	5.493222165223522

对比图 5.3 和图 5.9 可以发现，两种类型(n 型和 p 型)的半导体振型相同，由 p 型半导体得到的结论同样适用于 n 型半导体，例如点 *C*n 的电势高于点 *A*n 的电势。

作进一步定量比较可以发现，由于交换了 n_0 和 p_0，图 5.3 中 $\Delta p>\Delta n$，而在图 5.9 中 $\Delta n>\Delta p$。同时可以发现，对于对应的点 *A* 和 *A*n，点 *A*n 的电势小于点 *A* 的电势。同样的规律也发生在点 *B* 和 *B*n 及点 *C* 和 *C*n 上。由于点 *A* 和 *A*n 的位移幅值、波数均相等，两者的电势差异归因于 n_0 和 p_0。经过更多的计算数据分析，总结出了电势的变化规律与半导体的电导率有关。电导率 σ 的表达式为[30]

$$\sigma=q(p_0\mu^p+n_0\mu^n) \tag{5.17}$$

其中 q 是基本电荷；μ^n 和 μ^p 是电子和空穴的迁移率。通过不同的方式改变电导率 σ，最终的结果均证实了电导率越大，电势越低，这里不再赘述。由于电子的迁移率 μ^n 大于空穴的迁移率 μ^p，当如前述交换 n_0 和 p_0 的值时，得到的 n 型半导体电导率大于原来的 p 型半导体，因而 n 型半导体的电势降低了。不同制备工艺得到的半导体的载流子浓度是变化的，但通常电子的迁移率 μ^n 均远大于空穴的迁移率 μ^p，因此，一般 p 型半导体的电压高于 n 型半导体，例如这里的结果以及实验中的结果[21]。但这两类半导体的电势大小关系不是绝对的，因为载流子浓度也决定了最终的电导率，而不同类型的半导体只决定了多数载流子的类型而不是载流子的具体浓度值。因此确切地说，载流子浓度和迁移率共同组成的电导率决定了电势的大小。

5.6　本 章 小 结

本章研究了压电效应与半导体效应完全耦合的板结构中，波传播的稳态过程。主要结论如下：

(1) 当考虑半导体效应时，在频率和实波数平面上的波会衰减。波的衰减(单

位为 Np) 与尺寸有关，尺寸越小，衰减越大。这些衰减波的振型由机械位移和电子与空穴的漂移组合而成。它们的频率比对应的忽略半导体效应的波的频率要小，并且在高阶曲线中，这种频率差异更大。

(2) 当考虑半导体效应时，出现了新形式的波。在忽略半导体效应时，这些波是不存在的。这些波同时具有较大的实波数和较大的虚波数，是由电子和空穴的漂移引起的，其机械位移可以忽略不计。由于虚波数较大，电子和空穴的漂移沿传播方向被限制在板厚大小的尺度范围内。半导体效应引起的这些新形式的波具有尺寸相关的频率，频率大小与厚度的二次方近似成反比，因此，当板厚越小时，这些新形式的波越明显。

(3) 考虑半导体效应和忽略半导体效应的两种情况下，波的位移的分布是相同的。然而，半导体效应对电势有显著的影响。当应变为线弹性的正常量级时，在忽略半导体效应的情况下，计算出的电势远远大于压电半导体的实际值，而考虑半导体效应的情况下，电势的数量级 (mV) 与实际值相近。此外，作为一个影响电势的力学因素，对于相同的振型，较大的波数 (意味着较大的应变) 将增加电势。作为一个影响电势的电学因素，载流子的浓度和迁移率决定了压电半导体的电导率，而电导率越小，电势输出越大。

(4) 载流子的分布由压电势决定。考虑半导体效应和忽略半导体效应的情况下，电势分布的差异是由动态波传播引起的。在变形恢复的过程中也可以俘获能量，以 p 型半导体为例，变形恢复时，负压电势逐渐消失，此时累积的空穴开始扩散，总电势为正，可以驱动空穴流过半导体-金属界面，获得能量。

本章的结果有助于压电半导体俘能器性能的改进，同时对于纯压电器件，在小尺度下需要避免载流子浓度过高引起半导体效应的干扰。

参考文献

[1] Gao P X, Song J, Liu J, et al. Nanowire piezoelectric nanogenerators on plastic substrates as flexible power sources for nanodevices. Advanced Materials, 2007, 19 (1): 67-72.

[2] Choi M Y, Choi D, Jin M J, et al. Mechanically powered transparent flexible charge-generating nanodevices with piezoelectric ZnO nanorods. Advanced Materials, 2009, 21 (21): 2185-2189.

[3] Romano G, Mantini G, Di Carlo A, et al. Piezoelectric potential in vertically aligned nanowires for high output nanogenerators. Nanotechnology, 2011, 22 (46): 465401.

[4] Liao Q, Zhang Z, Zhang X, et al. Flexible piezoelectric nanogenerators based on a fiber/ZnO nanowires/paper hybrid structure for energy harvesting. Nano Research, 2014, 7 (6): 917-928.

[5] Asthana A, Ardakani H A, Yap Y K, et al. Real time observation of mechanically triggered

piezoelectric current in individual ZnO nanobelts. Journal of Materials Chemistry C, 2014, 2(20): 3995-4004.

[6] Wang Z L. Nanobelts, nanowires, and nanodiskettes of semiconducting oxides—From materials to nanodevices. Advanced Materials, 2003, 15(5): 432-436.

[7] Wang Z L. Piezopotential gated nanowire devices: Piezotronics and piezo-phototronics. Nano Today, 2010, 5(6): 540-552.

[8] Wang X, Zhou J, Song J, et al. Piezoelectric field effect transistor and nanoforce sensor based on a single ZnO nanowire. Nano Letters, 2006, 6(12): 2768-2772.

[9] Büyükköse S, Hernández-Mínguez A, Vratzov B, et al. High-frequency acoustic charge transport in GaAs nanowires. Nanotechnology, 2014, 25(13): 135204.

[10] Yu J, Ippolito S, Wlodarski W, et al. Nanorod based Schottky contact gas sensors in reversed bias condition. Nanotechnology, 2010, 21(26): 265502.

[11] Kumar B, Kim S-W. Recent advances in power generation through piezoelectric nanogenerators. Journal of Materials Chemistry, 2011, 21(47): 18946-18958.

[12] Gao Y, Wang Z L. Equilibrium potential of free charge carriers in a bent piezoelectric semiconductive nanowire. Nano Letters, 2009, 9(3): 1103-1110.

[13] Hu Y, Chang Y, Fei P, et al. Designing the electric transport characteristics of ZnO micro/nanowire devices by coupling piezoelectric and photoexcitation effects. ACS Nano, 2010, 4(2): 1234-1240.

[14] Araneo R, Lovat G, Burghignoli P, et al. Piezo-semiconductive quasi-1D nanodevices with or without anti-symmetry. Advanced Materials, 2012, 24(34): 4719-4724.

[15] Ji J, Zhou Z, Yang X, et al. One-dimensional nano-interconnection formation. Small, 2013, 9(18): 3014-3029.

[16] Shen Y, Hong J I, Xu S, et al. A general approach for fabricating arc-shaped composite nanowire arrays by pulsed laser deposition. Advanced Functional Materials, 2010, 20(5): 703-707.

[17] Yoo J, Lee C-H, Doh Y-J, et al. Modulation doping in ZnO nanorods for electrical nanodevice applications. Applied Physics Letters, 2009, 94(22): 223117.

[18] Wang Z L, Song J. Piezoelectric nanogenerators based on zinc oxide nanowire arrays. Science, 2006, 312(5771): 242-246.

[19] Gao Y, Wang Z L. Electrostatic potential in a bent piezoelectric nanowire. The fundamental theory of nanogenerator and nanopiezotronics. Nano Letters, 2007, 7(8): 2499-2505.

[20] Gao Z, Zhou J, Gu Y, et al. Effects of piezoelectric potential on the transport characteristics of metal-ZnO nanowire-metal field effect transistor. Journal of Applied Physics, 2009, 105(11): 113707.

[21] Lu M-P, Song J, Lu M-Y, et al. Piezoelectric nanogenerator using p-type ZnO nanowire arrays. Nano Letters, 2009, 9(3): 1223-1227.

[22] Qin L, Chen Q, Cheng H, et al. Viscosity sensor using ZnO and AlN thin film bulk acoustic resonators with tilted polar c-axis orientations. Journal of Applied Physics, 2011, 110(9):

094511.

[23] Kato H, Sano M, Miyamoto K, et al. Effect of O/Zn flux ratio on crystalline quality of ZnO films grown by plasma-assisted molecular beam epitaxy. Japanese Journal of Applied Physics, 2003, 42(4S): 2241.

[24] Ryu Y, Lee T, White H. Properties of arsenic-doped p-type ZnO grown by hybrid beam deposition. Applied Physics Letters, 2003, 83(1): 87-89.

[25] Oezguer U, Alivov Y I, Liu C, et al. A comprehensive review of ZnO materials and devices. Journal of Applied Physics, 2005, 98(4): 11.

[26] Pierret R F. Semiconductor Fundamentals. Boston: Addison Wesley Publishing Company, 1983.

[27]Navon D H. Semiconductor Microdevices and Materials. New York: Holt, Rinehart and Winston, 1985.

[28] Neau G. Lamb waves in anisotropic viscoelastic plates. Study of the wave fronts and attenuation. Bordeaux: University of Bordeaux, 2003.

[29] Liu J, Fei P, Zhou J, et al. Toward high output-power nanogenerator. Applied Physics Letters, 2008, 92(17): 173105.

[30] van Zeghbroeck B. Principles of Semiconductor Devices. Colarado: University of Calarado Bouloder, 2004: 34.

第 6 章　一般各向异性(三斜晶系)黏弹性单层板及复合板结构中的波动特性

6.1　引　　言

超声导波在无损检测及结构健康监测技术中有着广泛的应用。随着复合材料的广泛应用，对复合材料进行导波无损检测的需求也日益增加。与传统的金属材料不同，复合材料具有更强的各向异性，且很多情况下具有黏弹性。本书提出的算法可以处理任意各向异性的黏弹性材料，本章将介绍用 2.3 节的算法计算刚度矩阵具有 21 个独立复数参数的三斜晶系中的复数域三维频散曲线，三斜晶系的各向异性度最强，因此本章的方法和结论可以适用到更低各向异性的线性黏弹性材料中。

本章的内容主要为，首先，在 6.2 节中介绍一般各向异性材料、黏弹性模型以及频散方程的推导，接着，在 6.3 节中介绍半解析有限元法作为本书方法的验证对比。之后，在 6.4 节开始系统研究单层结构中波的频散曲线特性，包括黏弹性模型与弹性模型的对比；不同黏弹性模型波的衰减特征的对比；以及振型转换，频散分支转向，群速度、能量速度跳跃，衰减跳跃和频散分支交换等一般各向异性黏弹性材料中的一系列复杂现象之间的关联。在 6.5 节中对比一般各向异性和各向同性材料中的波动特征。最后在 6.6 节中进行本章小结。

6.2　一般各向异性材料、黏弹性模型以及频散方程推导

对于一般的各向异性材料(三斜晶系)，应力(σ_{ij})与应变($0.5(u_{i,j}+u_{j,i})$)之间的本构关系为

$$\begin{bmatrix}\sigma_{11}\\\sigma_{22}\\\sigma_{33}\\\sigma_{23}\\\sigma_{13}\\\sigma_{12}\end{bmatrix}=\begin{bmatrix}c_{11}&c_{12}&c_{13}&c_{14}&c_{15}&c_{16}\\&c_{22}&c_{23}&c_{24}&c_{25}&c_{26}\\&&c_{33}&c_{34}&c_{35}&c_{36}\\&&&c_{44}&c_{45}&c_{46}\\&&&&c_{55}&c_{56}\\\text{sym.}&&&&&c_{66}\end{bmatrix}\begin{bmatrix}u_{1,1}\\u_{2,2}\\u_{3,3}\\0.5(u_{2,3}+u_{3,2})\\0.5(u_{1,3}+u_{3,1})\\0.5(u_{1,2}+u_{2,1})\end{bmatrix} \tag{6.1}$$

其中 u_i 是位移，这里的刚度矩阵 $\boldsymbol{c}_{pq}(p, q=1, 2, 3, 4, 5, 6)$ 有 21 个非零的独立参数。由于三斜材料有最复杂的晶系，因此这里的研究可以简化适用到任意各向异性的物质中。

对于线性黏弹性模型，刚度矩阵为复数，包括一个纯实部的弹性矩阵和一个纯虚部的黏性矩阵。在不同的黏弹性模型中，黏性矩阵是不一样的。这里考虑两种常见的黏弹性模型[1]，一种是黏性矩阵为常数的 Hysteretic 模型，另一种是黏性矩阵为频率相关的 Kelvin-Voigt 模型，这两种模型的刚度矩阵如下：

$$\begin{aligned}\boldsymbol{c}_{pq}^{K}&=\boldsymbol{c}_{pq}-\mathrm{i}(f/\tilde{f})\boldsymbol{\eta}_{pq}\\\boldsymbol{c}_{pq}^{H}&=\boldsymbol{c}_{pq}-\mathrm{i}\boldsymbol{\eta}_{pq}\end{aligned} \tag{6.2}$$

其中 f 代表频率，i 是虚数单位；Kelvin-Voigt 模型中（$\boldsymbol{c}_{pq}^{K}$），黏性矩阵 $\boldsymbol{\eta}_{pq}$ 在固定的频率 $\tilde{f}$ 下测量得到，而在 Hysteretic 模型中（$\boldsymbol{c}_{pq}^{H}$），黏性矩阵 $\boldsymbol{\eta}_{pq}$ 在任意频率下都是定值。在两种黏弹性模型中，黏性矩阵 $\boldsymbol{\eta}_{pq}$ 有着和式(6.1)中所示的弹性矩阵 $\boldsymbol{c}_{pq}$ 一样的单位和对称性。值得注意的是，当 $f=\tilde{f}$，两种黏弹性模型的复刚度矩阵相等，即 $\boldsymbol{c}_{pq}^{K}=\boldsymbol{c}_{pq}^{H}$。

考虑在一个 x_1-x_2 面内无限大的单层板结构(图 6.1)中，板厚沿 x_2 方向，由于在板内波沿 x_3 方向传播，因此$\partial/\partial x_1=0$。将式(6.1)代入应力控制方程中，即式(5.1)中的第一项，可得

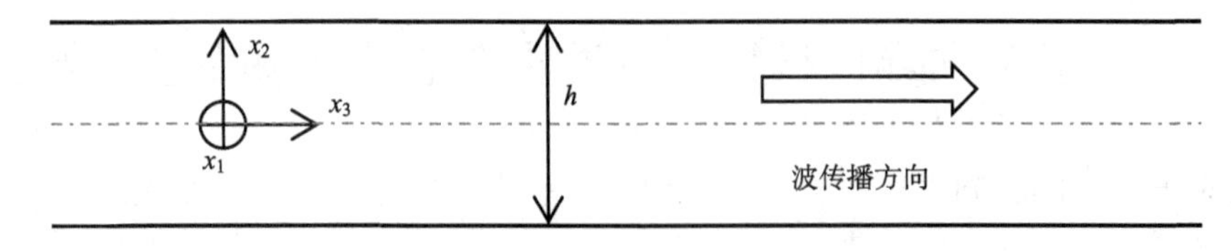

图 6.1　波在一个厚度为 h、厚度方向为 x_2、传播方向为 x_3 的板结构中传播的示意图

$$
\begin{aligned}
&c_{66}u_{1,22}+2c_{56}u_{1,23}+c_{55}u_{1,33}+c_{62}u_{2,22}+(c_{64}+c_{52})u_{2,23}+c_{54}u_{2,33}\\
&+c_{64}u_{3,22}+(c_{63}+c_{54})u_{3,23}+c_{53}u_{3,33}=\rho\ddot{u}_1\\
&c_{26}u_{1,22}+(c_{25}+c_{46})u_{1,23}+c_{45}u_{1,33}+c_{22}u_{2,22}+2c_{24}u_{2,23}+c_{44}u_{2,33}\\
&+c_{24}u_{3,22}+(c_{23}+c_{44})u_{3,23}+c_{43}u_{3,33}=\rho\ddot{u}_2\\
&c_{46}u_{1,22}+(c_{45}+c_{36})u_{1,23}+c_{35}u_{1,33}+c_{42}u_{2,22}+(c_{44}+c_{32})u_{2,23}\\
&+c_{34}u_{2,33}+c_{44}u_{3,22}+2c_{34}u_{3,23}+c_{33}u_{3,33}=\rho\ddot{u}_3
\end{aligned}
\tag{6.3}
$$

在式(6.3)中，由于刚度矩阵存在 21 个非零的独立复参数，因此，反平面位移 u_1 和平面应变位移 u_2、u_3 是耦合在一起的，这意味着在三斜晶系中，Lamb 波与 SH 波无法解耦。

这里考虑板的上下表面($x_2=\pm h/2$)为牵引力自由，结合式(6.1)，边界条件为

$$
\begin{aligned}
\sigma_{21}(\pm h/2)&=c_{26}u_{2,2}+c_{36}u_{3,3}+c_{46}(u_{2,3}+u_{3,2})+c_{56}u_{1,3}+c_{66}u_{1,2}=0\\
\sigma_{22}(\pm h/2)&=c_{22}u_{2,2}+c_{23}u_{3,3}+c_{24}(u_{2,3}+u_{3,2})+c_{25}u_{1,3}+c_{26}u_{1,2}=0\\
\sigma_{23}(\pm h/2)&=c_{24}u_{2,2}+c_{34}u_{3,3}+c_{44}(u_{2,3}+u_{3,2})+c_{45}u_{1,3}+c_{46}u_{1,2}=0
\end{aligned}
\tag{6.4}
$$

式(6.3)为波传播的控制方程，而式(6.4)为边界条件。假设波的简谐位移如下所示：

$$
\begin{aligned}
u_1&=A\exp[\mathrm{i}(k\sin\theta x_1+k\cos\theta x_3+k_2x_2-\omega t)]\\
u_2&=B\exp[\mathrm{i}(k\sin\theta x_1+k\cos\theta x_3+k_2x_2-\omega t)]\\
u_3&=C\exp[\mathrm{i}(k\sin\theta x_1+k\cos\theta x_3+k_2x_2-\omega t)]
\end{aligned}
\tag{6.5}
$$

其中 k 为传播方向的波数；θ 为传播方向与 x_3 方向的夹角；k_1、k_2 和 k_3 为沿 x_1、x_2 和 x_3 方向的波数，取 $\theta=0$，则 $k_1=k\sin\theta=0$，$k_3=k\cos\theta=k$；ω 为圆频率，与式(6.2)的频率 f 关系为 $\omega=2\pi f$。将式(6.5)代入式(6.3)可得 A，B，C 的线性方程组：

$$
\begin{aligned}
&(c_{66}k_2^2+2c_{56}k_2k_3+c_{55}k_3^2-\rho\omega^2)A+[c_{62}k_2^2+(c_{64}+c_{52})k_2k_3+c_{54}k_3^2]B\\
&+[c_{64}k_2^2+(c_{63}+c_{54})k_2k_3+c_{53}k_3^2]C=0\\
&[c_{26}k_2^2+(c_{25}+c_{46})k_2k_3+c_{45}k_3^2]A+(c_{22}k_2^2+2c_{24}k_2k_3+c_{44}k_3^2-\rho\omega^2)B\\
&+[c_{24}k_2^2+(c_{23}+c_{44})k_2k_3+c_{43}k_3^2]C=0\\
&[c_{46}k_2^2+(c_{45}+c_{36})k_2k_3+c_{35}k_3^2]A+[c_{42}k_2^2+(c_{44}+c_{32})k_2k_3+c_{34}k_3^2]B\\
&+(c_{44}k_2^2+2c_{34}k_2k_3+c_{33}k_3^2-\rho\omega^2)C=0
\end{aligned}
\tag{6.6}
$$

为了得到 A，B，C 的非零解，系数矩阵行列式必须为零，由此对于给定的波数 k_3 和频率 ω 可得一个关于 k_2 的六次方程组。每一个解 $k_2(m)$ ($m=1, 2,\cdots, 6$) 可得一组对应的非零系数解 $A(m)$, $B(m)$, $C(m)$。这些系数的比值记为 $B(m)/A(m)=b(m)$ 和 $C(m)/A(m)=c(m)$，那么满足控制方程式(6.3)的一般形式的位移解是这 6 个非零解的线性组合，表示为

$$
\begin{aligned}
u_1 &= \sum_{m=1}^{6} A(m)\exp[\mathrm{i}k_2(m)x_2]\exp[\mathrm{i}(k_3x_3-\omega t)] \\
u_2 &= \sum_{m=1}^{6} A(m)b(m)\exp[\mathrm{i}k_2(m)x_2]\exp[\mathrm{i}(k_3x_3-\omega t)] \\
u_3 &= \sum_{m=1}^{6} A(m)c(m)\exp[\mathrm{i}k_2(m)x_2]\exp[\mathrm{i}(k_3x_3-\omega t)]
\end{aligned}
\tag{6.7}
$$

将式(6.7)代入边界条件式(6.4)可得 6 个 $A(m)$ (m=1, 2, ⋯, 6)的线性方程组，同样对于给定的波数 k_3 和频率 ω，为了 $A(m)$ 有非零解，系数矩阵行列式必须为零，可得波的频散方程。用 2.3 节的算法计算该方程可得频散曲线。

6.3 与有限元数值解法对比验证

6.3.1 半解析有限元法简介

由于三斜晶系的刚度矩阵各向异性度最强，最终的频散方程很复杂，这里采用半解析有限元(semi-analytical finite element, SAFE)法[2]代替直接求解频散方程，验证 6.2 节中的推导过程。在半解析有限元方法中，不同于式(6.5)，位移解的形式表示为

$$
u_j(x_1,x_2,x_3,t)=U_j(x_1,x_2)\exp[\mathrm{i}(k_3x_3-\omega t)] \tag{6.8}
$$

将式(6.8)代入应力控制方程中，即式(5.1)中的第一项，可得

$$
c_{i\alpha j\beta}U_{j,\beta\alpha}+\mathrm{i}(c_{i3j\alpha}+c_{i\alpha j3})k_3U_{j,\alpha}-c_{i3j3}k_3^{\ 2}U_j+\rho\omega^2\delta_{ij}U_j=0 \tag{6.9}
$$

其中 δ_{ij} 是克罗内克符号，重复指标表示求和，希腊字母指标(α,β)取值 1 和 2，拉丁字母指标(i, j)取值 1、2 和 3。具有边界条件式(6.4)的式(6.9)可以利用 COMSOL 软件中的 PDE 模块求解。详细过程来源于文献[2]，这里不再赘述。

6.3.2 与半解析有限元法的结果对比

本书采用的三斜晶系材料参数来源于文献[3,4]，具体的弹性矩阵和黏性矩阵如下：

$$
\boldsymbol{c}=\begin{bmatrix}
74.29 & 28.94 & 5.86 & 0.20 & -0.11 & 37.19 \\
 & 25.69 & 5.65 & 0.0928 & -0.0801 & 17.52 \\
 & & 12.11 & 0.0133 & -0.0086 & 0.22 \\
 & & & 4.18 & 1.31 & 0.0949 \\
 & & & & 5.35 & -0.0705 \\
\text{sym.} & & & & & 28.29
\end{bmatrix}\text{GPa} \tag{6.10}
$$

$$
\boldsymbol{\eta}=\begin{bmatrix} 218 & 76.5 & 16.4 & -3.60 & 0.688 & 116 \\ & 71.1 & 19.2 & -0.771 & 2.15 & 50 \\ & & 42.2 & -0.9644 & 0.627 & -3.07 \\ & & & 11.1 & 2.89 & -1.15 \\ & & & & 13.6 & 1.48 \\ \text{sym.} & & & & & 93.5 \end{bmatrix}\text{MPa} \tag{6.11}
$$

其他参数为 $h=1$ mm，$\tilde{f}=2$ MHz，$\rho=1500$ kg/m^3。

在 5.3.1 节，讨论了半导体效应造成的波的衰减，这里关注的材料的黏弹性同样会引起波的衰减，与 5.3.1 节相同，波的衰减定义为声波传播单位距离的损耗，即奈培每米(Np/m)[5]。波的衰减进一步等于传播方向的虚波数 $\mathrm{Im}(k_3)$。

为了验证三斜晶系下本书提出的算法和推导的频散方程的正确性，用 2.3 节的算法计算了 6.2 节中推导的频散方程，并和 6.3.1 节介绍的 COMSOL 软件中的半解析有限元(SAFE)法的结果进行了对比。由于半解析有限元法在虚波数较大时会产生伪根[3]，因此这里用半解析有限元(SAFE)法计算的频散曲线的衰减范围限制在 0～100 Np/m，对应于虚波数 $\mathrm{Im}(k_3)$ 为 0～0.1 mm^{-1}，这个范围内由于虚波数小，波衰减慢，传播距离远，适用于导波无损检测，值得额外关注。而由本书算法计算的包含大虚波数的完整三维频谱，将在下一节讨论。这里用两种方法同时计算了式(6.2)中讨论的两种黏弹性模型，即 Hysteretic 模型和 Kelvin-Voigt 模型。为了更好地对比两种方法计算的两种模型下的结果，以频率与衰减为横纵坐标的关系图表示了频率和虚波数的对应关系，以频率与相速度($\omega/\mathrm{Re}(k_3)$)为横纵坐标的关系图表示了频率与实波数的对应关系，如图 6.2 所示。

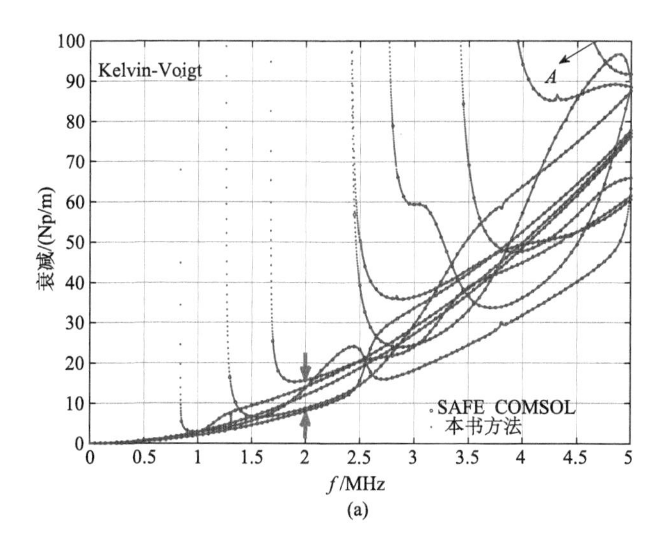

(a)

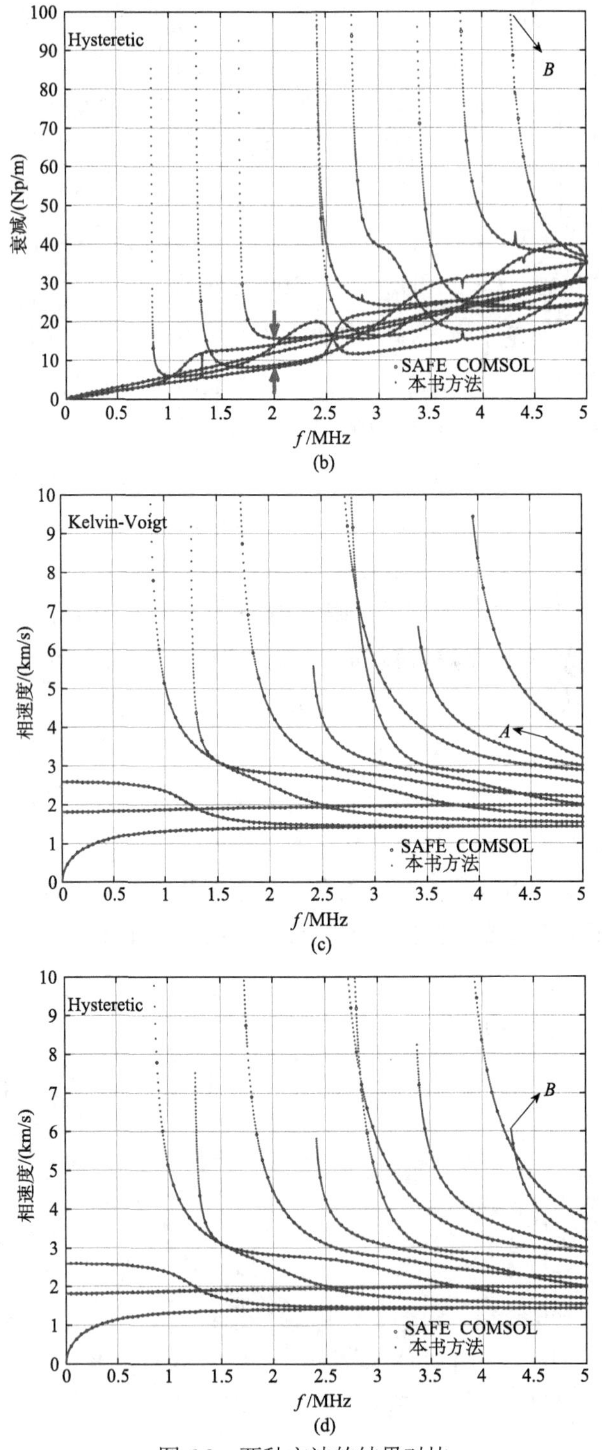

图 6.2　两种方法的结果对比

对于两种黏弹性模型，图 6.2 中两种方法的计算结果完全一致，这验证了 6.2 节中推导的频散方程的正确性，也再次验证了本书提出的算法的正确性。对比两种黏弹性模型的结果，可以发现不同的黏弹性模型下，频率与衰减的关系差异很大。值得注意的是，当频率 $f = 2$ MHz 时，有 $f=\tilde{f}$，即式(6.2)中的两种黏弹性模型的复刚度矩阵相等($c_{pq}^K = c_{pq}^H$)，因而此处两种模型的衰减一致，如图 6.2(a)与图 6.2(b)中的箭头所指示。当频率 $f > 2$ MHz 时，Kelvin-Voigt 模型的衰减较大，因为此时式(6.2)中 c_{pq}^K的虚部大于 c_{pq}^H的虚部；而当频率 $f < 2$ MHz 时，Hysteretic 模型的衰减较大，因为此时式(6.2)中 c_{pq}^K的虚部小于 c_{pq}^H的虚部。频率与衰减关系图的详细特征将在 6.4.2 节中进一步讨论。

在频率与相速度的关系图中，两种模型的结果相似，只在某些局部存在差异，如图 6.2(c)中的曲线终止在 A 点，而图 6.2(d)中的曲线终止在 B 点。事实上，这种差异是由虚波数的范围限制造成的，即在图 6.2(a)和(b)中，衰减范围被限制在了 0～100 Np/m，此时 A，B 两点的衰减相同，均为 100 Np/m 的上限。如果继续扩大衰减的范围，图 6.2(c)中终止在 A 点的曲线会继续延伸至图 6.2(d)中的 B 点。实际上，两种黏弹性模型的频率-相速度曲线是一致的。

6.4　两种黏弹性模型三维频散曲线的对比以及与纯弹性模型对比

在本书算法的计算结果得到验证之后，本小节进一步讨论三斜黏弹性板中波的三维频散曲线的详细特征。首先，可以发现式(6.6)为波数 k_2 和 k_3 的二次函数，同时，边界条件式(6.4)为波数 k_2 和 k_3 的齐次一次函数，因此可得出结论，如果一组(k_2, k_3, ω)满足频散方程，那么对应的$(-k_2, -k_3, \omega)$同样满足频散方程。所以三维频散曲线$(\mathrm{Im}(k_3), \mathrm{Re}(k_3), \omega)$关于 ω 轴中心对称，其物理含义为波沿正反方向的传播性质相同。由于三维频散曲线的中心对称性，在展示最终结果的时候，可以将虚部限制在大于零的范围内，对于小于零的虚部范围，只需将结果绕 ω 轴旋转 180°即可得到。具体的结果如图 6.3 所示。

图 6.3 中两种黏弹性模型频散曲线的范围为虚波数 $\mathrm{Im}(k_3)$ 从 0～10 mm^{-1}，频率 f 从 0～5 MHz，而实波数 $\mathrm{Re}(k_3)$ 并没有限制。可以发现，在图 6.3(a)和(b)中，结果均集中在实波数 $\mathrm{Re}(k_3)$ 大于零的区域内。这个特征可以更清楚地从图 6.4 的俯视图视角中看出。图 6.4 中实波数 $\mathrm{Re}(k_3)$ 的范围为−3.5～22 mm^{-1}，即实波数大于零的区域占据的比重更大。注意到式(6.5)中的指数项 $\exp[\mathrm{i}(k_3x_3-\omega t)]$，即 $\exp[\mathrm{iRe}(k_3)x_3-\mathrm{Im}(k_3)x_3]\exp(-\mathrm{i}\omega t)$。可以发现，如果实波数 $\mathrm{Re}(k_3)$ 和虚波数 $\mathrm{Im}(k_3)$

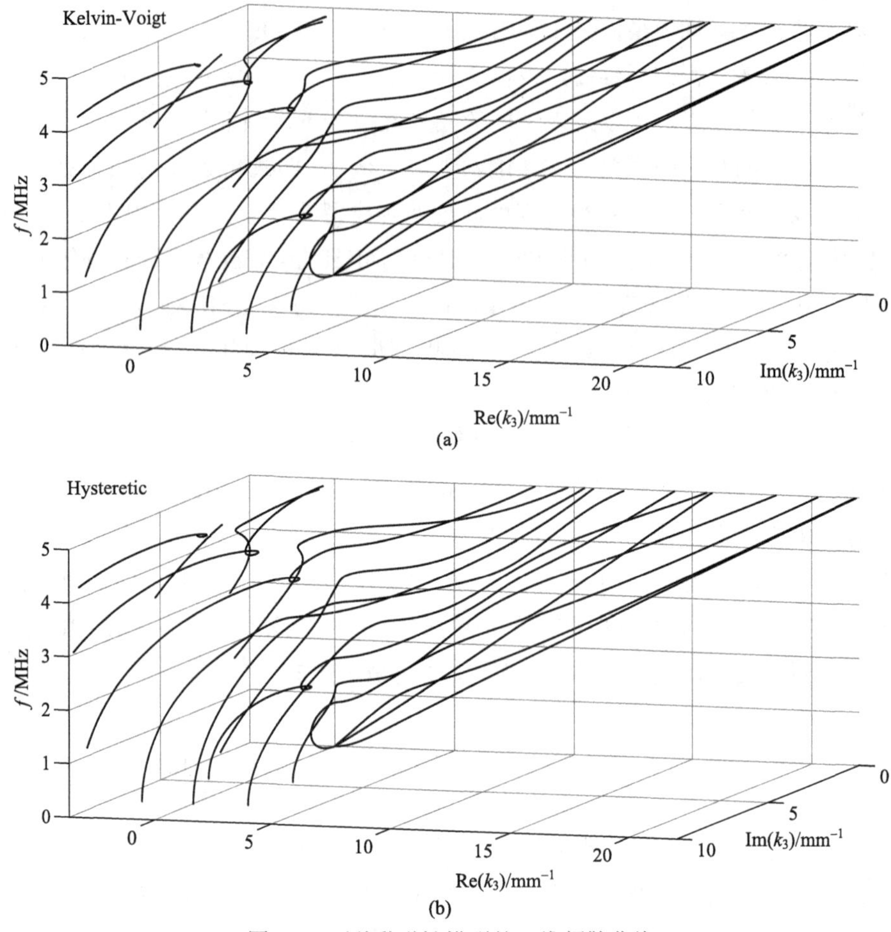

图 6.3　两种黏弹性模型的三维频散曲线

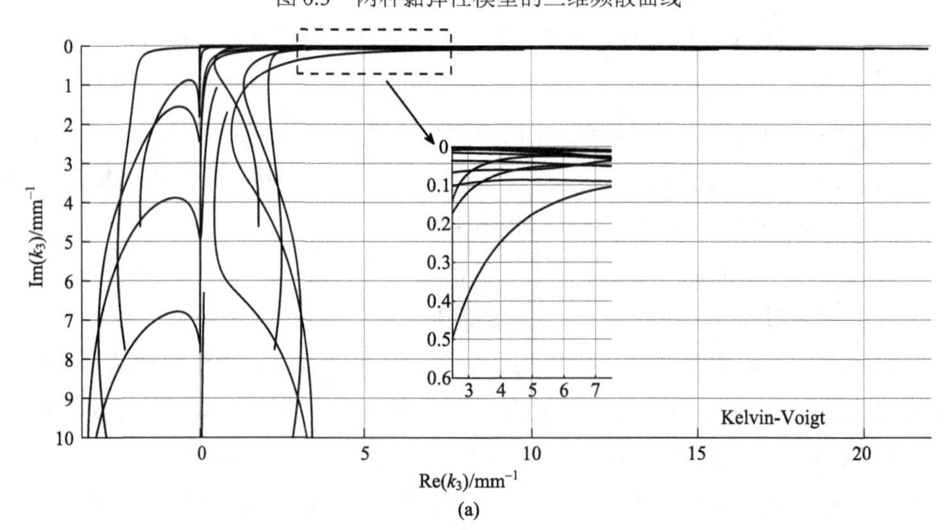

(a)

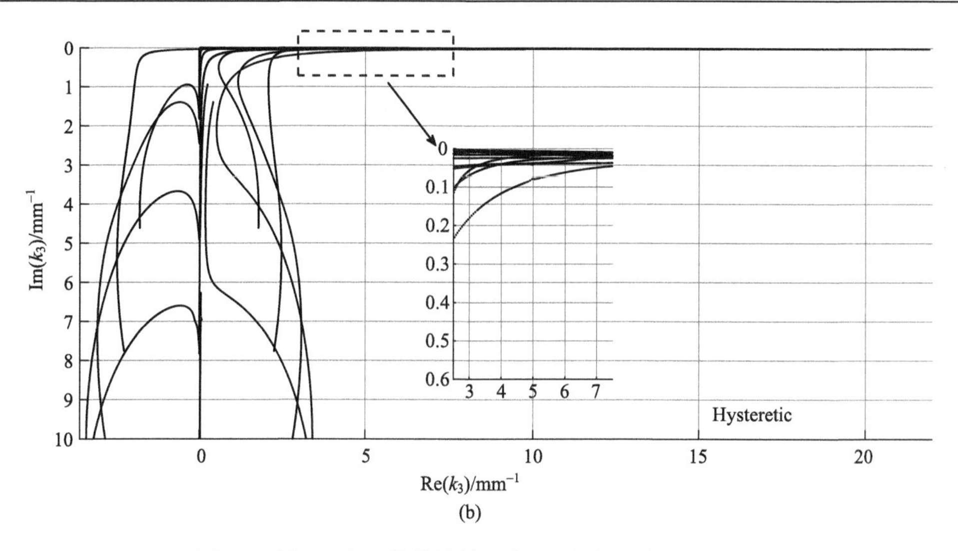

图 6.4 图 6.3 中三维曲线的二维俯视图(Re(k_3)-Im(k_3))

均大于零，波沿 x_3 正方向传播且具有指数衰减的振幅。如果实波数 Re(k_3) 小于零，虚波数 Im(k_3) 大于零，波沿 x_3 负方向传播且具有指数增大的振幅。因此，只有实波数 Re(k_3) 大于零的区域内的频散曲线是物理上有意义的，这些曲线在图 6.3 和图 6.4 中均占据着整个结果的主要部分。对于实波数 Re(k_3) 小于零的区域，由于频散曲线的中心对称性，它们与实波数 Re(k_3) 大于零的区域有着紧密联系，这点将在图 6.6 中讨论。

正如图 6.2 中所展示的，对于虚波数 Im(k_3) 较小的区域，两种黏弹性模型的结果差异很大，这点同样可以在图 6.4(a) 和 (b) 中的放大区域观察到。而对于虚波数较大、实波数较小的非传播波和虚波数、实波数均很大的复共轭波，两种黏弹性模型中的结果相似，如图 6.5 所示(即图 6.3 的侧视图)。

图 6.5 中，对于这些具有较大虚波数的非传播波和复共轭波，两种黏弹性模型的结果几乎一致。这是因为在纯弹性的情况下，这些非传播波和复共轭波已经具有较大的虚波数，引入阻尼引起的虚波数的变化，相对于原来已经存在的大虚波数来说是很微小的，也就是说，不同的黏弹性模型均不会显著改变它们传播的衰减特性。

此外，不同的黏弹性模型造成的虚波数变化的微小差异对在纯弹性情况下具有纯实波数的传播波的影响是不容忽略的，如图 6.2 和图 6.4 所示。换而言之，相比具有大虚波数的非传播波和复共轭波，不同黏弹性模型对具有小虚波数的传播波的衰减特性影响更显著。这些具有小虚波数的波衰减慢，传播远，因而信号强度高，因此它们在无损检测中更受关注。通过对这些波在图 6.6 中和纯弹性情况下的结果进一步作对比，来探究黏弹性的影响。

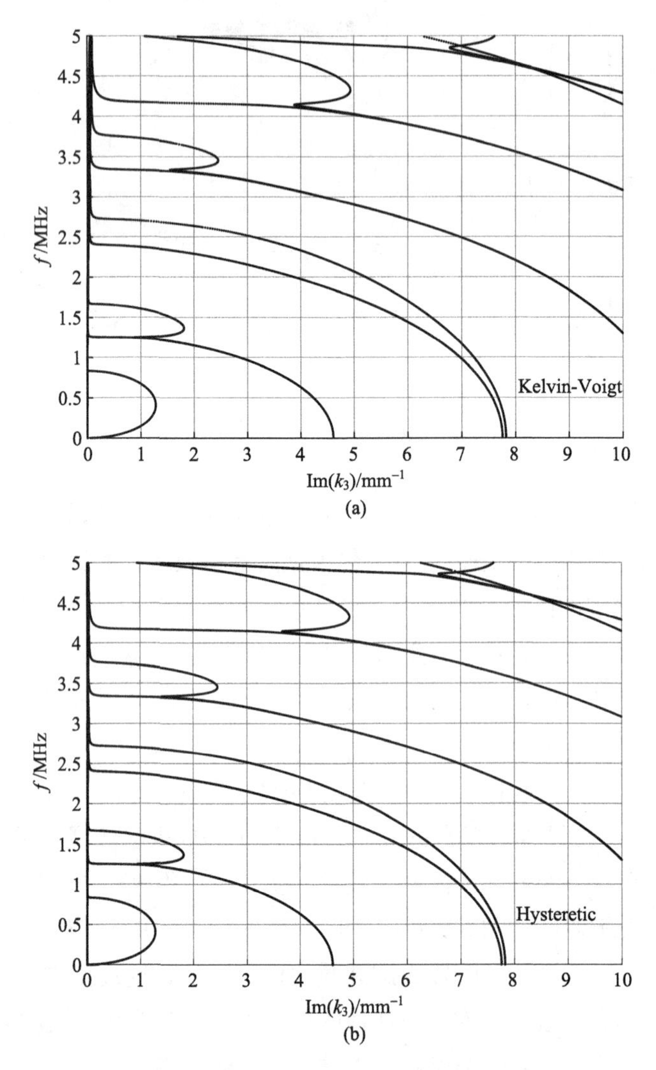

图 6.5　图 6.3 中三维曲线的二维侧视图(Im (k_3) - f)

图 6.6(a)中展示了图 6.3 中 Kelvin-Voigt 模型的正视图，Hysteretic 模型对应的正视图与图 6.6(a)几乎一致，这点可以从图 6.2 中两种模型的相速度曲线一致中观察到，因此这里不再展示 Hysteretic 模型的结果。图 6.6(b)中展示了对应的纯弹性模型的结果。对比图 6.6(a)与图 6.6(b)可以发现，材料阻尼对实波数的影响集中在截止频率附近，即实波数较小的区域。具体的差异标记在了椭圆 1～4

内。可以发现在图 6.6(b)纯弹性模型的结果中椭圆 1～4 内存在的曲线在黏弹性模型中的相应位置消失了。这是因为当考虑黏弹性时，这些曲线的虚波数小于零，而在图 6.3 中虚波数的范围限制在 0～10 mm^{-1}，从而在图 6.6(a)中消失。由于本小节前述的频散曲线关于频率轴的中心对称性，这些具有小于零的虚波数的曲线出现在了频率轴左侧，即实波数小于零的位置，如图 6.6(a)中的椭圆 1～4。

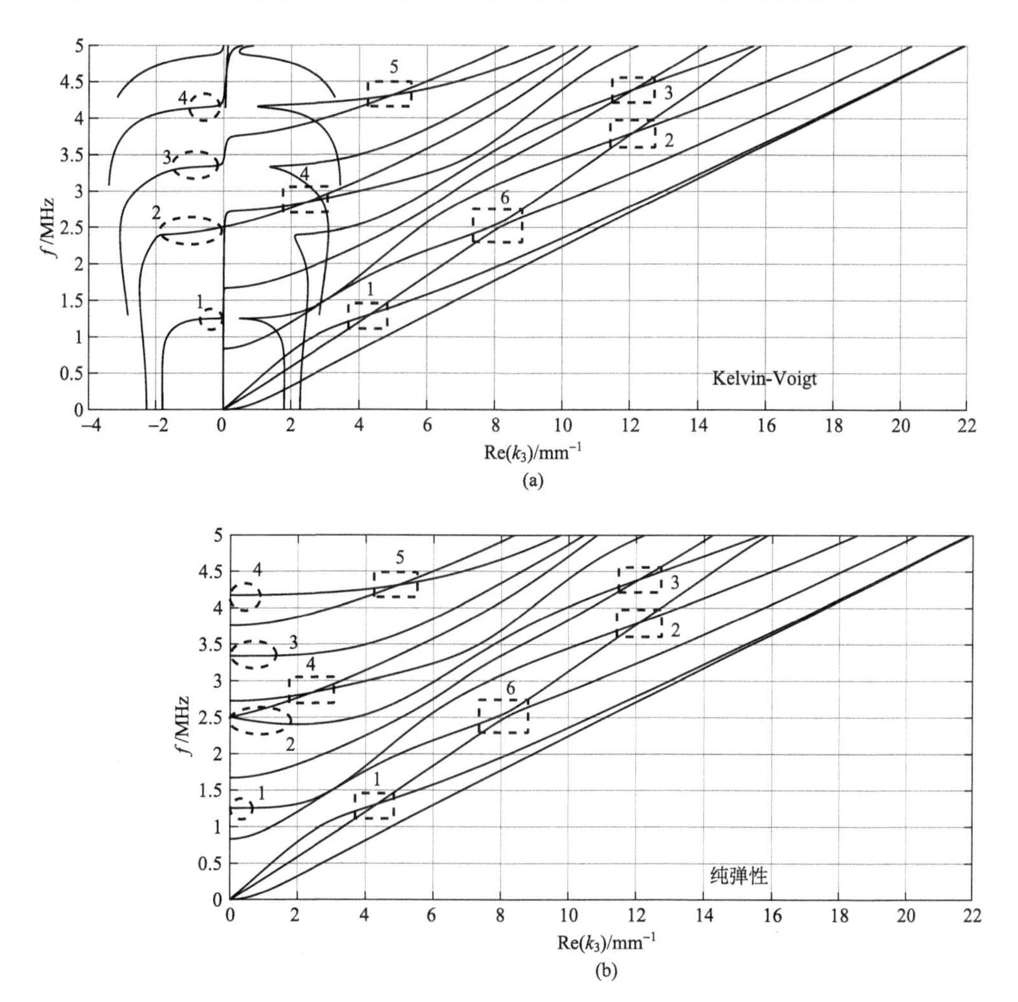

图 6.6　频率 f-实波数 $\mathrm{Re}(k_3)$ 的二维视图

除了这些显著的差异，黏弹性模型与弹性模型的差异也存在于方框 1～6 所标记的区域内，这些区域内的两条曲线很接近，因而在图 6.6 中无法观察细节。这些将在下一节中详细讨论。

6.4.1 波衰减跳跃和频散分支交换的特殊特征

为了对比图 6.6 中两种模型在方框 1～6 内的曲线，这里选取两个代表性的方框(1 和 2)进一步放大，观察其细节特征。方框 1 的放大图见图 6.7，方框 2 的放大图见图 6.8。

图 6.7(a)为黏弹性与纯弹性模型在图 6.6 中方框 1 区域内的对比结果的三维视图，图 6.7(b)～(d)为相应的二维三视图。在图 6.7(b)中，点划线与虚线两条曲线很接近，但没有交叉在一起，这与图 6.6 中方框 6 内的结果一致。此外，两种模型的曲线完全覆盖在一起，这表明此处黏弹性与纯弹性模型的实波数与频率完全一致。

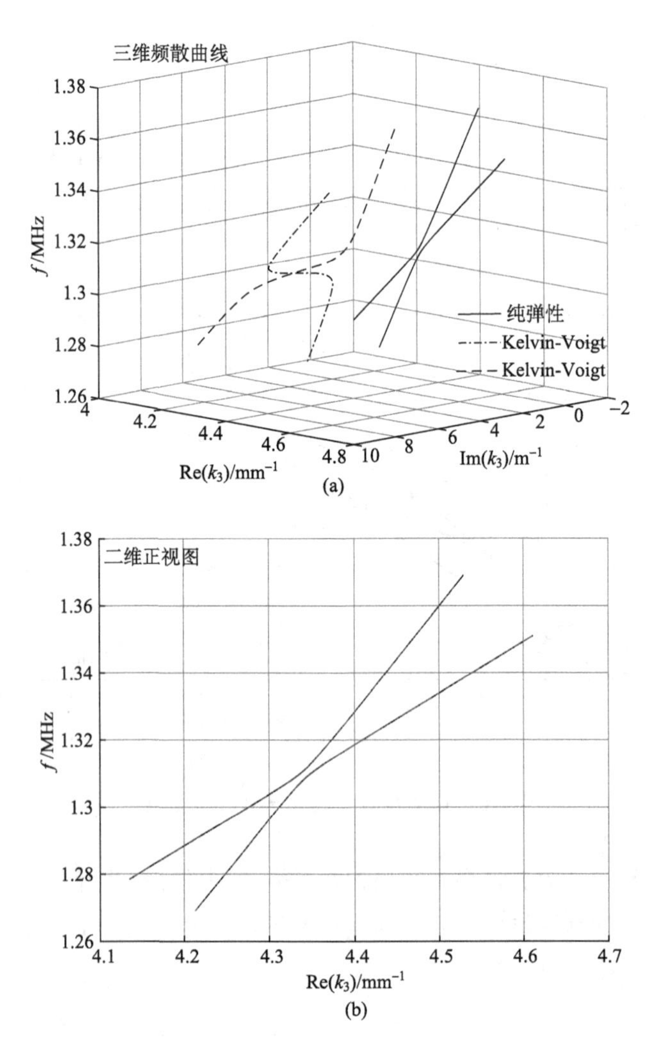

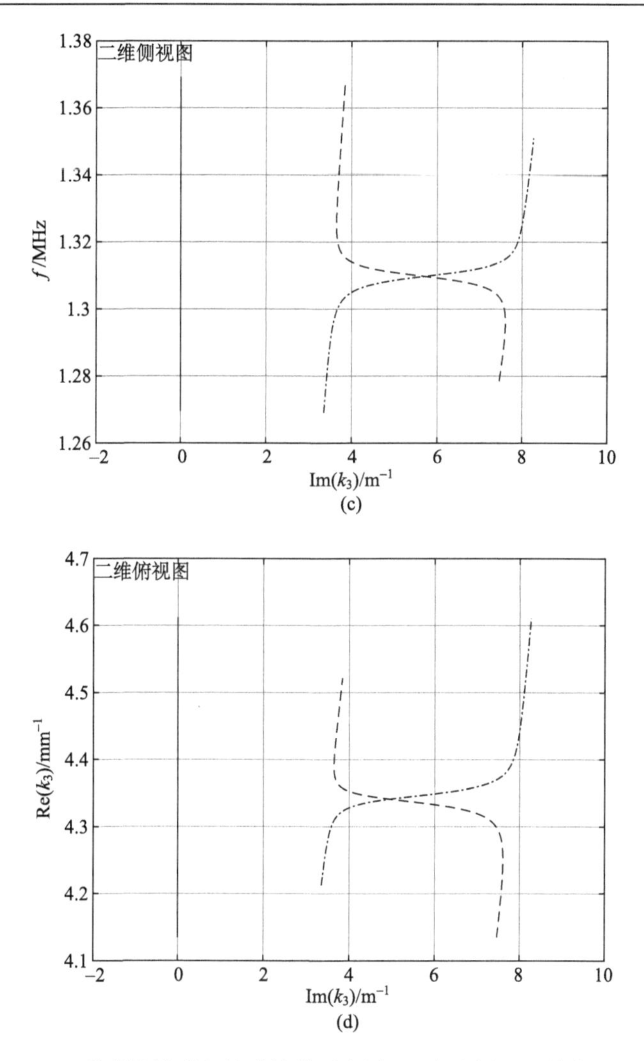

图 6.7　Kelvin-Voigt 黏弹性模型和纯弹性模型在图 6.6 中方框 1 区域内对比结果的放大图

在图 6.7(c)和图 6.7(d)中可以发现，纯弹性模型(黑色线)虚波数为零，而黏弹性模型(点划线与虚线)的虚波数不为零，这表明阻尼的引入造成了虚波数或者损耗的出现。在图 6.7(c)中可以发现，频率 f 在 1.3～1.32 MHz 的小范围内，点划线与虚线的虚波数 Im(k_3)同时在 3～8 m^{-1}之间出现了跳跃，这一特征对应出现在了图 6.7(d)中，这种虚波数的跳跃现象是互相接近的黏弹性曲线的第一种特征。

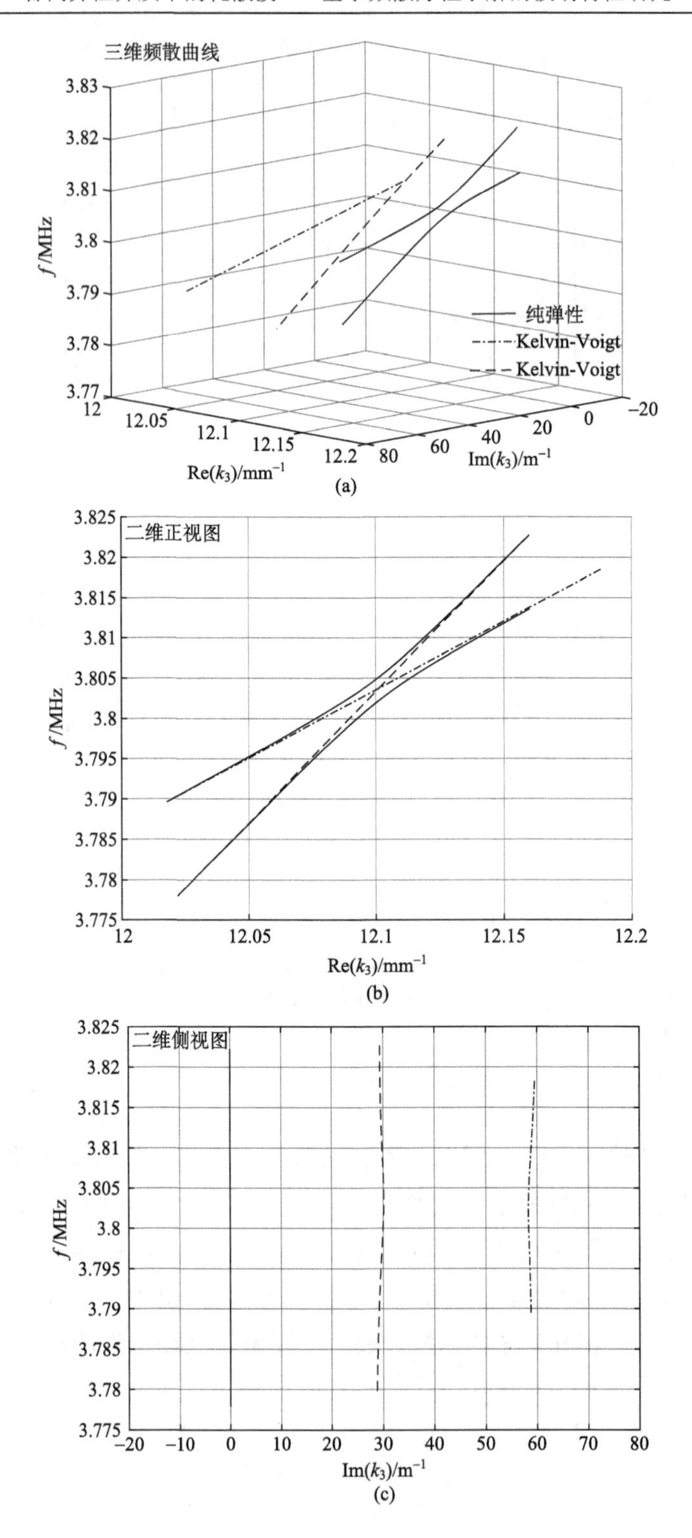

三维频散曲线
3.83
3.82
3.81
3.8
3.79
3.78
3.77
f/MHz
纯弹性
Kelvin-Voigt
Kelvin-Voigt
12
12.05
12.1
12.15
12.2
Re(k_3)/mm^{-1}
80
60
40
20
0
−20
Im(k_3)/m^{-1}
二维正视图
3.825
3.82
3.815
3.81
3.805
3.8
3.795
3.79
3.785
3.78
3.775
f/MHz
12
12.05
12.1
12.15
12.2
Re(k_3)/mm^{-1}
二维侧视图
3.825
3.82
3.815
3.81
3.805
3.8
3.795
3.79
3.785
3.78
3.775
f/MHz
−20
−10
0
10
20
30
40
50
60
70
80
Im(k_3)/m^{-1}

(a)

(b)

(c)

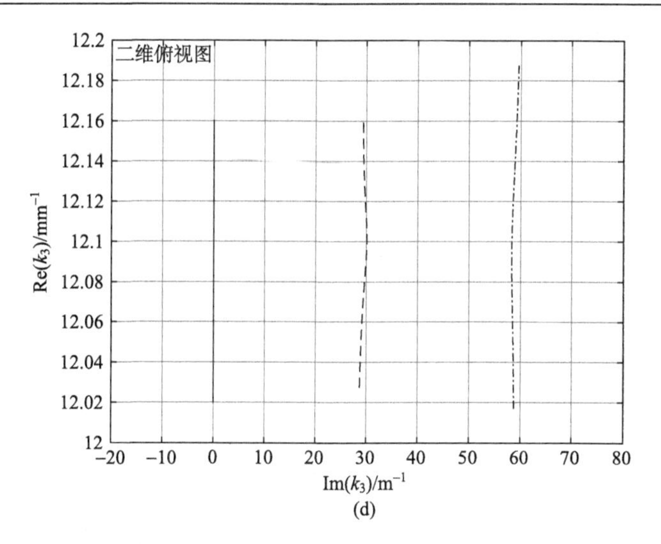

图 6.8　Kelvin-Voigt 黏弹性模型和纯弹性模型在图 6.6 中方框 2 区域内对比结果的放大图

图 6.8(a) 中为黏弹性与纯弹性模型在图 6.6 中方框 2 的区域内对比结果的三维视图，图 6.8(b)～6.8(d) 为相应的二维三视图。在图 6.8(b) 中，点划线与虚线两条曲线互相接近，并发生了交叉，这表明相比于纯弹性情况的黑色曲线，引入黏弹性后，点划线与虚线曲线分支发生了分支交换，因此，点划线与虚线不再完全重合。同时，在图 6.8(c) 和图 6.8(d) 中，由于分支发生了交换，点划线与虚线曲线的虚波数 Im(k_3) 变化平缓，不再有图 6.8(c) 和图 6.8(d) 所示的虚部跳跃。这种分支交换现象是互相接近的黏弹性曲线的第二种特征。

方框 1 和方框 2 是图 6.6 中 6 个频散曲线分支接近区域的两种代表。其中方框 6 与方框 1 的曲线分支相似，即引入黏弹性后，发生了虚波数 Im(k_3) 的跳跃，而实波数与频率保持不变；方框 3，4，5 与方框 2 的曲线分支相似，即引入黏弹性后，相邻的分支发生了分支交换，交换后的虚波数 Im(k_3) 变化平缓。这两种黏弹性和弹性模型之间的差异与波的振型和群速度(黏弹性下的能量速度)有密切关联，将在 6.4.2 节中进一步讨论。

6.4.2　振型转换、频散分支转向的区域内阻尼引起的波的衰减特征

为了进一步研究黏弹性模型与弹性模型之间的关联，这里对两种模型前 5 阶曲线分支的特性进行详细对比，结果如图 6.9 所示。

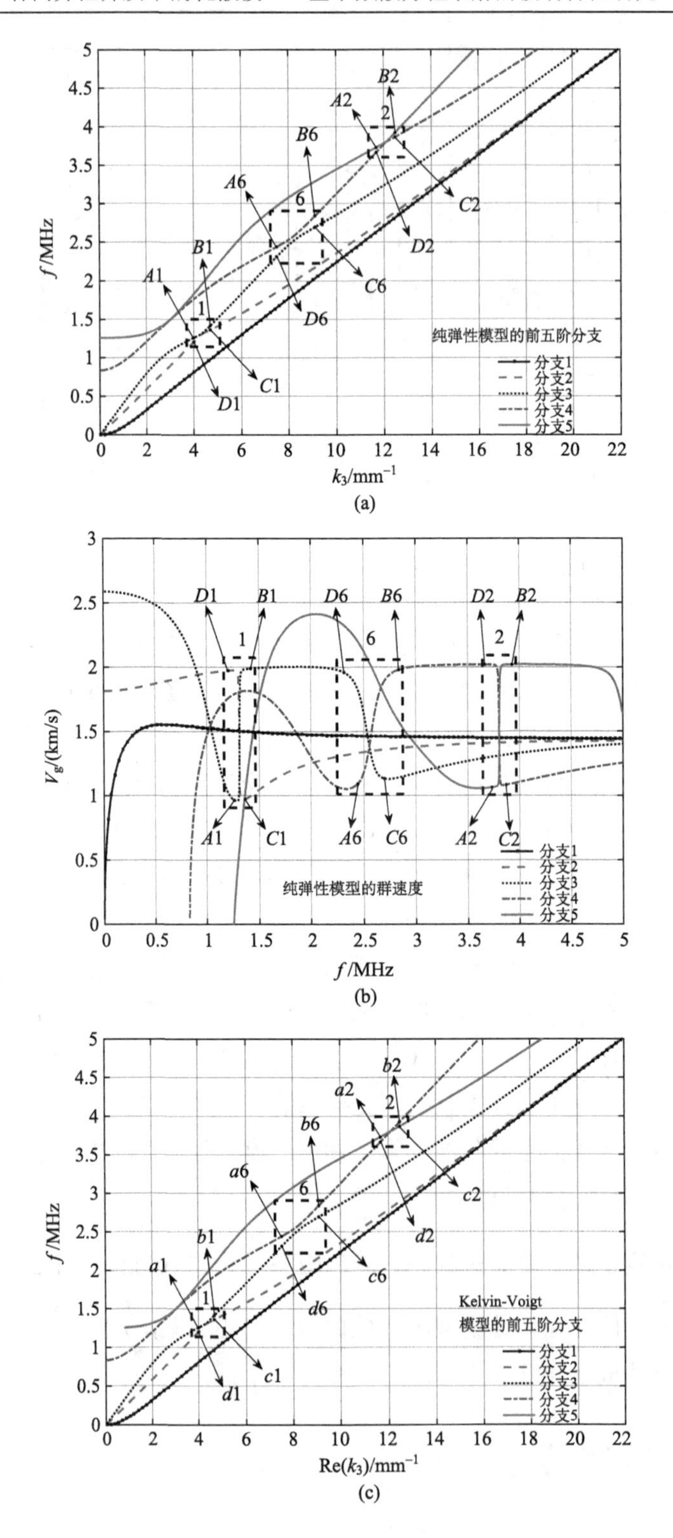

纯弹性模型的前五阶分支
分支1
分支2
分支3
分支4
分支5
f/MHz
k_3/mm^{-1}
纯弹性模型的群速度
V_g/(km/s)
Kelvin-Voigt
模型的前五阶分支
Re(k_3)/mm^{-1}

(a)

(b)

(c)

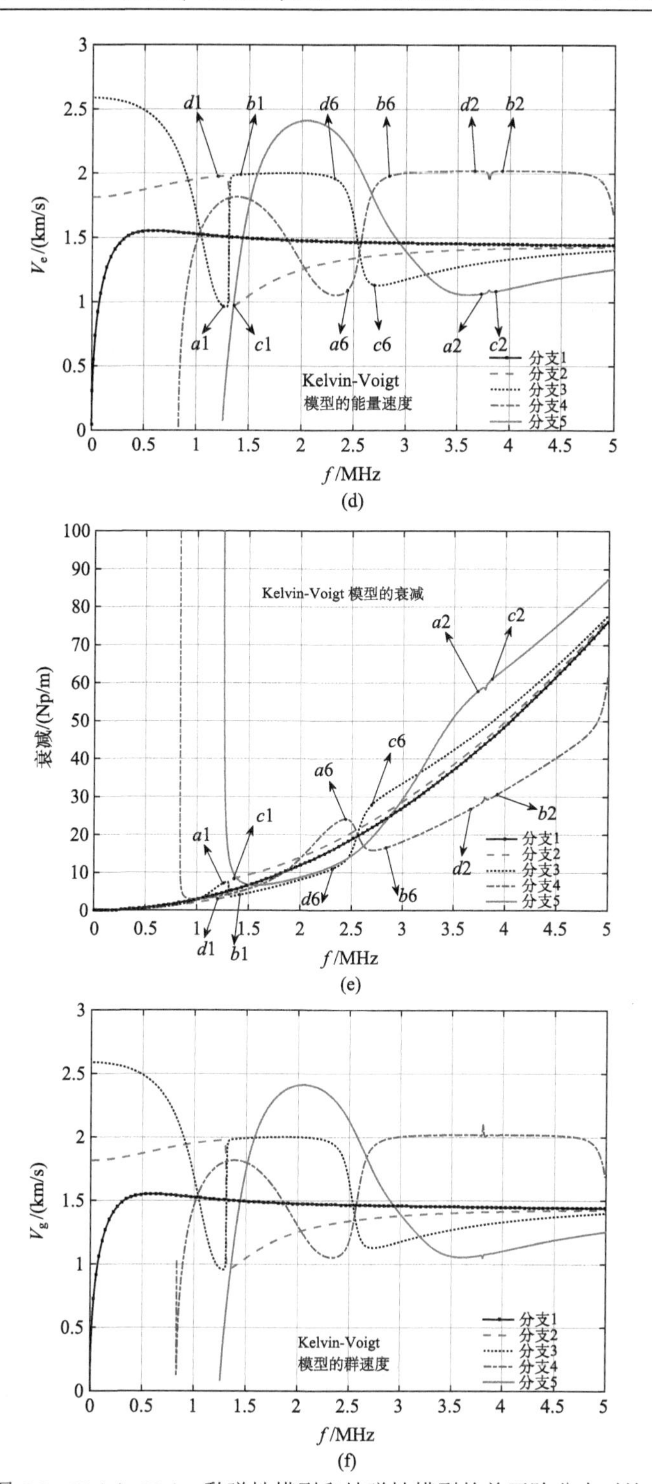

图 6.9　Kelvin-Voigt 黏弹性模型和纯弹性模型的前五阶分支对比

图 6.9 中，纯弹性模型的群速度定义为 $V_{\mathrm{g}}=\mathrm{d}\omega/\mathrm{d}k_3$[6]。对于黏弹性模型，群速度由能量速度取代，其表达式为[7,8]

$$V_{\mathrm{e}}=\frac{\int_0^h \boldsymbol{P}\cdot\boldsymbol{n}\mathrm{d}x_2}{\int_0^h E\mathrm{d}x_2} \tag{6.12}$$

其中 $\boldsymbol{P}$ 为一个周期内的时间平均坡印亭矢量；$\boldsymbol{n}$ 为波的传播方向 (x_3) 向量 $(0, 0, 1)$；E 是一个周期内的时间平均总能量密度，包括应变能和动能。在简谐情况下，$\boldsymbol{P}$ 和 E 的表达式为[9]

$$\begin{aligned} P_j &= -\frac{1}{T}\int_0^T \mathrm{Re}(\sigma_{ij})\mathrm{Re}(\dot{u}_i)\mathrm{d}t = -\frac{1}{2}\mathrm{Re}(\sigma_{ij}\dot{u}_i^*) \\ E &= \frac{1}{T}\int_0^T\left[\frac{1}{2}\rho\mathrm{Re}(\dot{u}_i)\mathrm{Re}(\dot{u}_i)+\frac{1}{2}\mathrm{Re}(\sigma_{ij})\mathrm{Re}(S_{ij})\right]\mathrm{d}t = \frac{1}{4}\mathrm{Re}(\rho\dot{u}_i\dot{u}_i^*+\sigma_{ij}S_{ij}^*) \end{aligned} \tag{6.13}$$

其中 T 是一个时间周期 $(2\pi/\omega)$；*表示复共轭[8,9]；Re 表示复数的实部。

首先，考察图 6.9 中纯弹性模型的结果。在图 6.9(a) 中，方框 1，2，6 标记了 3 处曲线分支随着波数 k_3 和频率 f 的增大，先是互相接近，但没有互相交叉，而是随后突然转向的现象。由于群速度定义为 $V_{\mathrm{g}}=\mathrm{d}\omega/\mathrm{d}k_3$，因此分支的突然转向对应于相应分支的群速度的跳跃，这种跳跃可以在图 6.9(b) 的方框 1，2，6 中观察到。

与分支转向和群速度跳跃同时发生的还有振型的转换，为了说明这点，标记了方框 1 中的四个点 $A1$，$B1$，$C1$，$D1$，它们的详细振型见图 6.10。

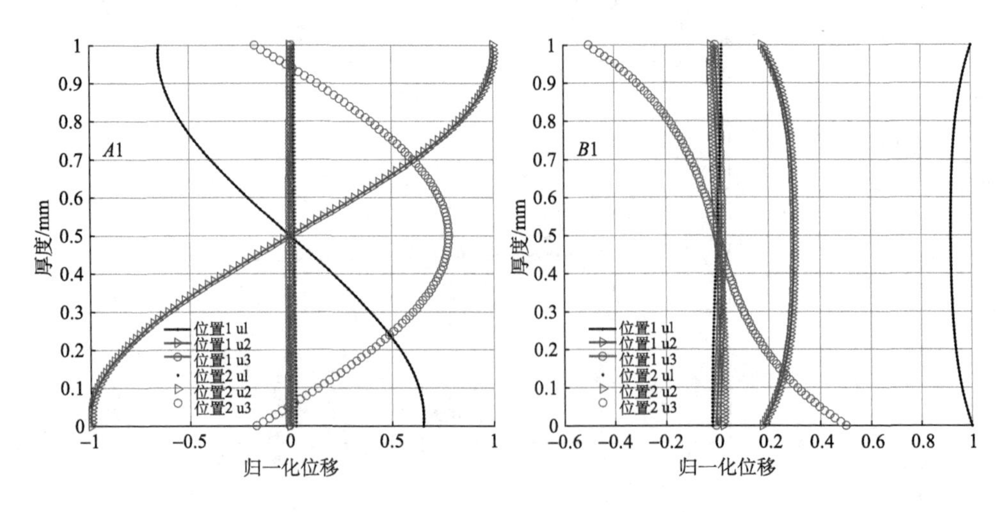

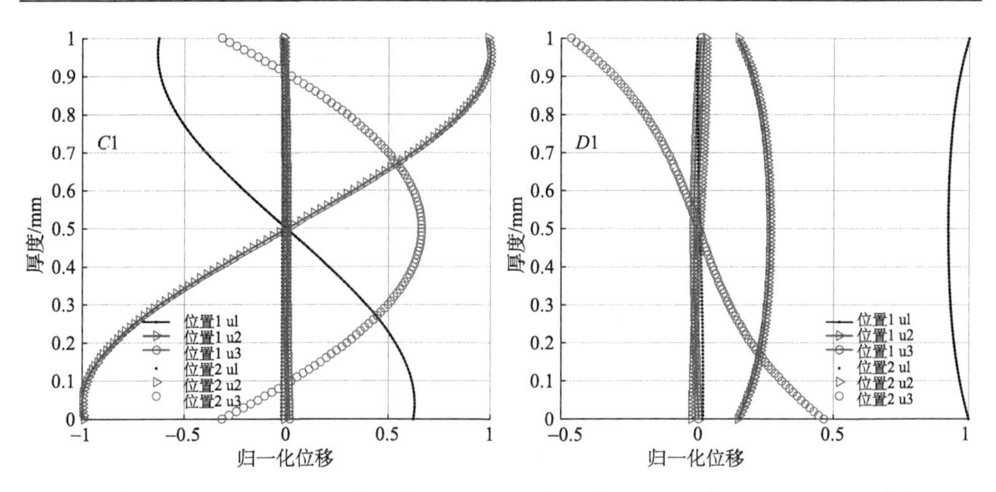

图 6.10　在图 6.9(a) 和图 6.9(b) 中方框 1 内四个点的振型，为了避免不同相位对振型的影响，位置 1 和位置 2 沿传播方向有四分之一波长的相位差 $\pi/(2k_3)$

在图 6.9(a) 中，点 *A*1 和点 *B*1 都处于第三阶分支上，但从 *A*1 到 *B*1 发生了分支转向，而在图 6.9(b) 中从 *A*1 到 *B*1 有相应的群速度跳跃，与之对应的是，图 6.10 中 *A*1 与 *B*1 的振型完全不同。类似的情况也出现在 *C*1 和 *D*1 点。

此外，在图 6.9(a) 中，点 *A*1 和点 *C*1 处于不同的分支上，但在图 6.9(b) 中 *A*1 与 *C*1 的群速度相似，与之对应的是，图 6.10 中 *A*1 与 *C*1 的振型也相似。类似的情况也出现在 *B*1 和 *D*1 点上。方框 1 中的这些现象同样发生在了方框 2 和方框 6 中的 *A*，*B*，*C*，*D* 4 点，出于简洁性的考虑，这里不再一一展示详细的振型。这种沿着同一分支发生的振型转换和分支转向的现象在先前的文献中[10-12]也观察到了。

在得到纯弹性情况下的分支转向、群速度跳跃和振型转换的关联后，进一步讨论引入黏弹性效应后，虚波数的变化特征。首先，考察纯弹性情况下的分支 1，可以发现在图 6.9(a) 中，分支 1 没有发生转向，相对应地在图 6.9(b) 中，除去频率接近零的区域，分支 1 群速度恒定，没有跳跃。因此，考虑 Kelvin-Voigt 黏弹性后，在图 6.9(e) 中分支 1 的虚波数(或波的衰减)是关于频率的二次曲线，这种频率与衰减的二次关系是 Kelvin-Voigt 黏弹性模型的典型特征[1,5]。

接着考虑在纯弹性情况下，分支转向区域内引入黏弹性后，虚波数(或波的衰减)的特征。以方框 1 为例，当引入黏弹性后，经计算发现 *A*1，*B*1，*C*1 和 *D*1 与对应点 *a*1，*b*1，*c*1 和 *d*1 的振型相同，因而这里没有重复展示与图 6.10 相同的结果。可以发现 $b1$ 和 $d1$ 有相似的振型，图 6.9(d) 中的能量速度也相似，因此在图 6.9(e) 中 $b1$ 和 $d1$ 的衰减相差很小，这种很小的差异是由衰减与频率的二次关系造成的。

此外，$a1$ 和 $b1$ 有完全不同的振型，在图 6.9(c) 和 (d) 中，从 $a1$ 到 $b1$ 发生了分支转向和能量速度的跳跃，因此在图 6.9(e) 中 $a1$ 和 $b1$ 的衰减相差较大。注意到在图 6.9(c) 和 (d) 中，这两点处于同一分支上，所以在图 6.9(e) 中，从 $a1$ 到 $b1$ 发生了衰减的跳跃(三维曲线见图 6.7)。这种衰减的跳跃现象在方框 2 和方框 6 中更明显，特别是方框 2，由于 $a2$ 和 $b2$ 的衰减差异很大，从 $a2$ 到 $b2$ 没有发生衰减跳跃，而是发生了分支交换(三维曲线见图 6.8)，即在纯弹性情况下的图 6.9(a) 和 (b) 中，$A2$ 和 $B2$ 在同一分支上，而在对应的黏弹性模型情况下的图 6.9(c) 和 (d) 中，$a2$ 与 $b2$ 处在了不同的分支上。与此同时，有着相同振型的 $d2$ 与 $b2$ 处在分支交换后的同一新分支上，如图 6.9(c)～(e) 所示。

需要指出的是，在黏弹性情况下，群速度应由式(6.12)和(6.13)定义的能量速度代替，而在衰减较小的情况下，由 $V_{\mathrm{g}}=\mathrm{d}\omega/\mathrm{dRe}(k_3)$ 直接计算的群速度与能量速度是相近的[13]。为了说明这点，黏弹性情况下的群速度如图 6.9(f) 所示，可以发现图 6.9(f) 与 (d) 的结果大致相似，只有两处明显的差异。第一处是分支 4 在 0.8 MHz 附近的衰减急剧增大(图 6.9(e))，导致群速度与能量速度不一致，类似的现象在文献[13]中也观察到了。第二处是方框 2 中，如图 6.9(d) 和 (e) 所示，从 $d2$ 到 $b2$ 的能量速度和衰减并不光滑，均存在一个小尖角，这是分支交换的残留痕迹。在这个小尖角处，群速度与能量速度也存在差异。

上述与弹性模型对比采用的是 Kelvin-Voigt 黏弹性模型，若采用 Hysteretic 模型可以得到相似的结果，唯一的区别是，对于纯弹性情况下群速度恒定的分支，考虑 Hysteretic 模型后，得到的衰减是频率的线性函数[1,5]，这点也可以在图 6.2(a) 和 (b) 中观察到。

6.5　一般各向异性与各向同性黏弹性/弹性材料的对比

本小节研究一般各向异性材料和等效的各向同性材料中波的频散曲线的差异。各向同性材料参数可以基于弹性矩阵式(6.10)和黏性矩阵式(6.11)，由 Voigt 平均[14]得到

$$\lambda^c = \left(2c_{iijj} - c_{ijij}\right)/15, \quad \mu^c = \left(3c_{ijij} - c_{iijj}\right)/30$$
$$\lambda^\eta = \left(2\eta_{iijj} - \eta_{ijij}\right)/15, \quad \mu^\eta = \left(3\eta_{ijij} - \eta_{iijj}\right)/30 \tag{6.14}$$

式(6.15)中采用了爱因斯坦求和约定，λ 和 μ 为拉梅常数。这里用 Kelvin-Voigt 黏弹性模型对比各向同性与一般各向异性，即

$$\lambda = \lambda^c - \mathrm{i}(f/\tilde{f})\lambda^\eta$$
$$\mu = \mu^c - \mathrm{i}(f/\tilde{f})\mu^\eta \tag{6.15}$$

其中 $\tilde{f}$ 的值与式(6.12)中一致，密度与厚度也保持不变。

各向同性材料的频散方程具有简单的显式形式[9]，Lamb 波对称模态的频散方程为

$$\frac{\tan(qh/2)}{\tan(ph/2)} = -\frac{4k_3^2 pq}{(q^2 - k_3^2)^2} \tag{6.16}$$

反对称模态的频散方程为

$$\frac{\tan(qh/2)}{\tan(ph/2)} = -\frac{(q^2 - k_3^2)^2}{4k_3^2 pq} \tag{6.17}$$

这两式与式(2.12)和式(2.13)的无量纲形式一致。SH 波为

$$\sin(qh) = 0 \tag{6.18}$$

其中 $p^2=\omega^2/c_L^2-k_3^2$，$q^2=\omega^2/c_T^2-k_3^2$，$c_L^2=(\lambda+2\mu)/\rho$，$c_T^2=\mu/\rho$。计算结果如图 6.11 所示。

对比图 6.11(b)和(d)可以发现，各向同性情况下，黏弹性和纯弹性模型的主要差异同样集中在截止频率附近，即实波数较小的区域，这与一般各向异性材料的结果相似，如 6.4 节结尾图 6.6 中的椭圆框所示，详细的讨论不再赘述。

此外，在实波数较大的区域图 6.11(b)和(d)完全一致，没有 6.4.1 节和 6.4.2 节所讨论的频散分支交换现象，对应的图 6.11(c)中也没有衰减的跳跃。但这并不表明分支转向和振型转变是一般各向异性材料所独有的，实际上，在纯弹性模型高频区域的高阶曲线分支上同样存在着分支转向的现象[11]，而在上述讨论的 Lamb 波和 SH 波耦合的各向异性材料中，这些分支转向的现象在低频区域的低阶模态就已经出现了。这表明了各向异性材料中低频区域的频散曲线远比各向同性材料中的复杂，而这些区域的频散曲线由于频率低，衰减也较小，是无损检测技术中更感兴趣的模态。

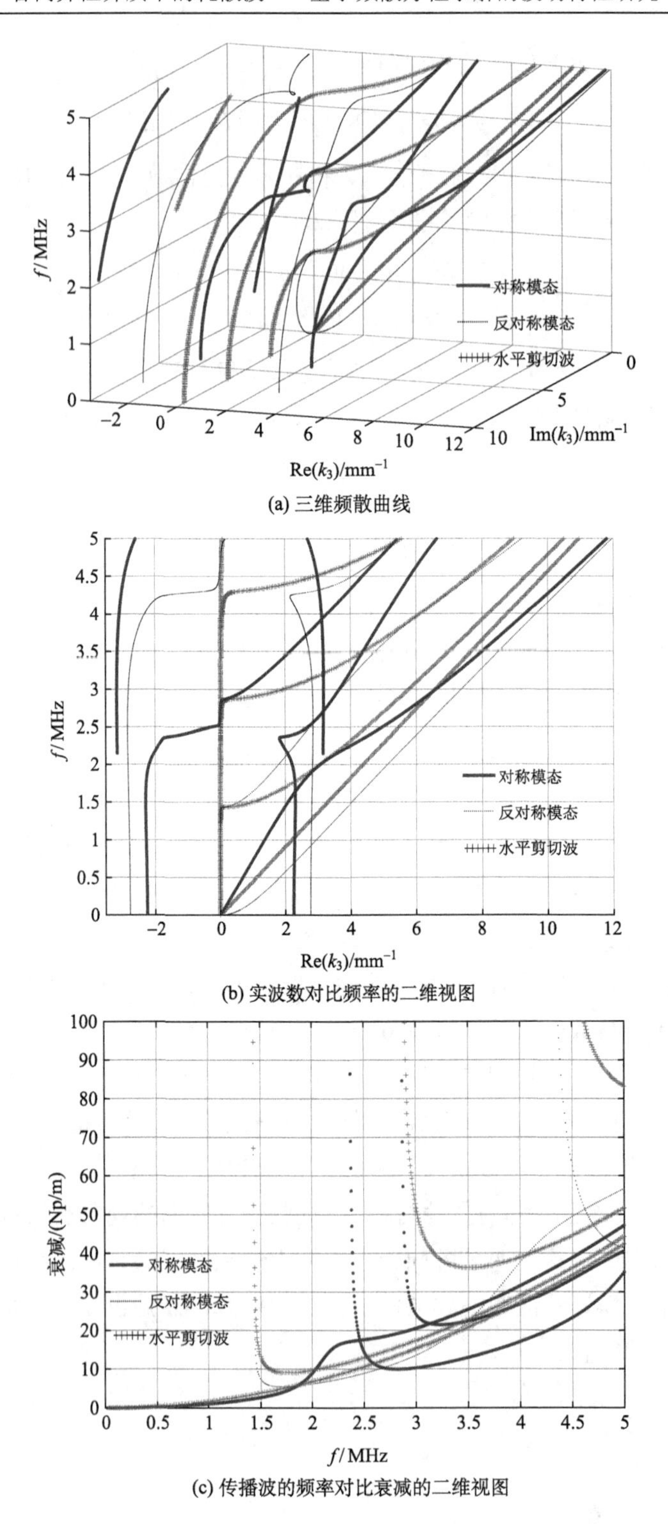

(a) 三维频散曲线

(b) 实波数对比频率的二维视图

(c) 传播波的频率对比衰减的二维视图

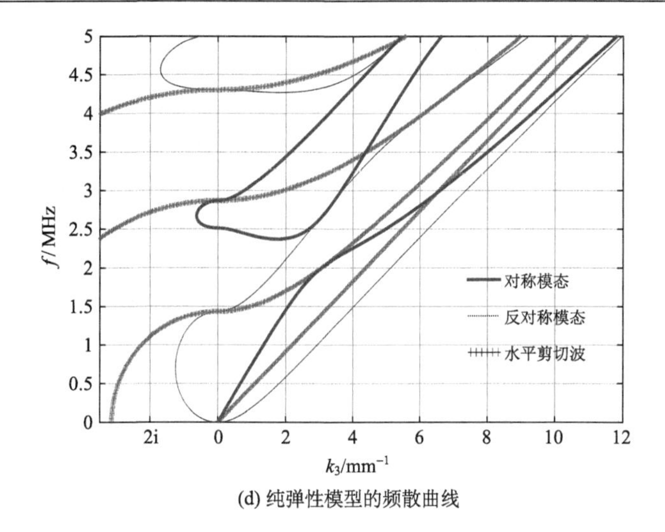

(d) 纯弹性模型的频散曲线

图 6.11 各向同性纯弹性及 Kelvin-Voigt 黏弹性板的频散曲线

6.6 本章小结

本章详细研究了单层结构以及带有不完美界面的双层结构中一般各向异性黏弹性板中的波。对于单层结构中的波，得到如下的主要结论：

(1) 对于两种不同的黏弹性模型，具有小虚波数的传播波的三维频散曲线均主要集中在实波数和虚波数同时大于零的区域。

(2) 在低衰减的情况下，不同的黏弹性模型中，波的相速度相同，但波的衰减特征存在显著差异。这种差异在高衰减的非传播波上是很小的。

(3) 纯弹性模型中的截止频率在相应的黏弹性模型中消失了。同时，由于纯弹性情况下在截止频率附近的具有正实波数的曲线通过阻尼获得了负的衰减，因此在黏弹性模型中这些曲线分支消失了。此外，由于频散曲线关于频率轴中心对称，这些负衰减的曲线出现在了实波数小于零的区域。

(4) 纯弹性三斜板中，频散曲线的相邻分支上存在着振型转换和分支转向。考虑黏弹性后，衰减与振型有关。因此，在黏弹性模型中，振型转换的区域会产生衰减跳变或分支交换。此外，对于相似的振型(即稳定的群速度或能量速度)，衰减的变化取决于黏弹性模型的类别，Kelvin-Voigt 模型中衰减为频率的二次函数，而 Hysteretic 模型中衰减为频率的线性函数。

(5) 在强各向异性黏弹性模型中观察到的这些衰减跳变和分支交换的特征在

相应的各向同性模型的低阶分支中没有出现。这些特征只存在于各向同性模型的高阶分支上，这表明了材料各向异性度对波的影响。相较于高阶分支，这些具有低频率的低阶分支也具有较低的衰减，在无损检测中应用更多，因此它们在强各向异性材料中的复杂衰减特性值得关注。

参 考 文 献

[1] Bartoli I, Marzani A, Di Scalea F L, et al. Modeling wave propagation in damped waveguides of arbitrary cross-section. Journal of Sound and Vibration, 2006, 295(3-5): 685-707.

[2] Predoi M V, Castaings M, Hosten B, et al. Wave propagation along transversely periodic structures. Journal of the Acoustical Society of America, 2007, 121(4): 1935-1944.

[3] Quintanilla F H, Fan Z, Lowe M, et al. Guided waves' dispersion curves in anisotropic viscoelastic single-and multi-layered media. Proceedings of the Royal Society A: Mathematical, Physical and Engineering Sciences, 2015, 471(2183): 20150268.

[4] Quintanilla F H, Lowe M, Craster R. Full 3D dispersion curve solutions for guided waves in generally anisotropic media. Journal of Sound and Vibration, 2016, 363: 545-559.

[5] Neau G. Lamb waves in anisotropic viscoelastic plates. Study of the wave fronts and attenuation. Bordeaux: University of Bordeaux, 2003.

[6] Graff K F. Wave Motion in Elastic Solids. Courier Corporation, 2012.

[7] Auld B A. Acoustic Fields and Waves in Solids. Москва: Рипол Классик, 1973.

[8] Castaings M, Hosten B. Guided waves propagating in sandwich structures made of anisotropic, viscoelastic, composite materials. Journal of the Acoustical Society of America, 2003, 113(5): 2622-2634.

[9] Achenbach J. Wave Propagation in Elastic Solids. Netherlands: Elsevier, 2012.

[10] Mace B R, Manconi E. Wave motion and dispersion phenomena: Veering, locking and strong coupling effects. Journal of the Acoustical Society of America, 2012, 131(2): 1015-1028.

[11] Manconi E, Sorokin S. On the effect of damping on dispersion curves in plates. International Journal of Solids and Structures, 2013, 50(11-12): 1966-1973.

[12] Wu B, Su Y, Chen W, et al. On guided circumferential waves in soft electroactive tubes under radially inhomogeneous biasing fields. Journal of the Mechanics and Physics of Solids, 2017, 99: 116-145.

[13] Bernard A, Lowe M, Deschamps M. Guided waves energy velocity in absorbing and non-absorbing plates. Journal of the Acoustical Society of America, 2001, 110(1): 186-196.

[14] Hirth J P, Lothe J, Mura T. Theory of Dislocations. American Society of Mechanical Engineers Digital Collection, 1983.

第7章　双层各向异性黏弹性结构中界面从完美到分层的波动特性变化

7.1　引　　言

在复合结构中，界面脱黏是一种很常见的破坏形式[1]，因此继前述章节之后，这里接着研究了界面黏接强度不同时的双层复合结构中的频散曲线。采用了弹簧模型不完美界面，这种不完美界面可以视为一种特殊的单层[2]。因此整个双层结构在完美界面的情况下可视为两层，不完美界面的情况下可视为三层，而当界面完全分层时，可视为两个独立的单层。当多层结构的子层数目变化时，前几章中研究固定结构的全局矩阵法[3]的矩阵大小也会相应改变，用来推导具有变化层数的复合结构中的频散方程十分不便，因此本章中采用了基于 Stroh 形式[4]的传递矩阵来处理涉及的复合结构中的频散方程。由于传统的传递矩阵法导出的频散方程在频厚积较大的时候会出现数值不稳定[3]，这里进一步采用一种改进的传递矩阵法，即对偶变量及位置(dual variable and position，DVP)法[5,6]，推导频散方程。此后，用 2.3 节的算法计算了完美界面和完全分层情况下的频散曲线。为了追踪每个曲线分支在界面黏接刚度变化前后的对应关系，以及显示 6.4 节中讨论的分支转向等现象，用不同的线型标记十分接近的分支，来详细研究从完美界面到完全分层的过程中，频散曲线的演化机制，并给出了振型的相应演化过程。在 7.7 节中对本章的主要结论做了总结。

7.2　DVP 法推导带有不完美界面的多层复合结构中的频散方程

以 6.2 节中的单层材料为基础，根据复合材料的结构特征，采用不同的材料取向来组成双层复合结构，结果如图 7.1 所示。

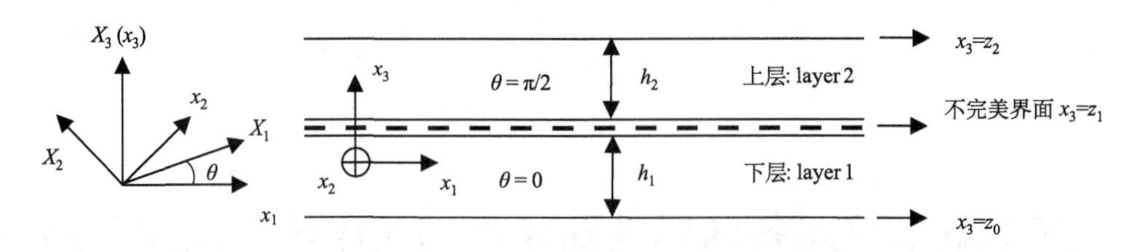

图 7.1 具有不完美界面的双层结构

在整体坐标系(x_1, x_2, x_3)中推导频散方程，即波沿x_1方向传播，板厚为x_3方向；用局部坐标系(X_1, X_2, X_3)表示材料取向；两个坐标系$x_3(X_3)$方向重合；而$x_1(X_1)$方向有夹角θ，在下层中$\theta=0$，在上层中$\theta=\pi/2$；两层厚度相同$h_1=h_2=h$

在图 7.1 中，上、下两层材料均为 6.2 节中所讨论的同种一般各向异性(三斜晶系)黏弹性材料。由于材料取向的不同，在整体坐标系中，两层的材料参数是不同的，具体的取值可以通过坐标旋转变换得到，详细的过程可见 7.3 节。

由于具有不完美界面的复合结构的层数是变化的，因此这里采用传递矩阵法推导该结构中的频散方程。同时在 6.4 节中，已经对比了 Kelvin-Voigt 黏弹性模型和 Hysteretic 黏弹性模型，发现两种模型有不同的频率-衰减关系，除此以外两种模型的特征相同。因此这里不再同时考虑两种黏弹性模型，而是以更复杂的具有频率依赖的黏性矩阵的 Kelvin-Voigt 黏弹性模型为例进行研究。

线弹性范围内一般的应力运动方程和本构方程为

$$\begin{aligned}\sigma_{jl,l}&=\rho\ddot{u}_j\\ \sigma_{jl}&=c_{jlmn}u_{m,n}\end{aligned}\tag{7.1}$$

将式(7.1)中的第二式代入第一式可得位移表示的运动方程为

$$c_{jlmn}u_{m,nl}=\rho\ddot{u}_j\tag{7.2}$$

考虑一般的简谐位移解为

$$u_j=a_j\exp(\mathrm{i}k_3x_3)\exp(\mathrm{i}k_\alpha x_\alpha)\exp(-\mathrm{i}\omega t)\tag{7.3}$$

其中 k_3 为 x_3 方向的波数；k_α 为 $x_\alpha(\alpha=1,\ 2)$ 方向的波数；ω 为圆频率；a_j 为位移 u_j 的幅值。将式(7.3)代入式(7.2)，采用 Stroh 形式[4]，可得

$$[(\boldsymbol{Q}-\rho\omega^2\boldsymbol{I})+k_3(\boldsymbol{R}+\boldsymbol{R}^{\mathrm{T}})+k_3^2\boldsymbol{T}]\boldsymbol{a}=\boldsymbol{0}\tag{7.4}$$

其中矩阵 $\boldsymbol{R}^{\mathrm{T}}$ 是矩阵 $\boldsymbol{R}$ 的转置，矩阵 $\boldsymbol{Q}, \boldsymbol{R}, \boldsymbol{T}$ 定义为

$$Q_{jm}=c_{\alpha jm\beta}k_\alpha k_\beta;\quad R_{jm}=c_{\alpha jm3}k_\alpha;\quad T_{jm}=c_{3jm3}\tag{7.5}$$

其中希腊字母求和指标 α 或 β 取值 1，2，而拉丁字母求和指标 j 或 m 取值 1，2，3。将式(7.3)代入式(7.1)中第二式的本构方程，可得

$$\sigma_{3j}=b_j\exp(\mathrm{i}k_3x_3)\exp(\mathrm{i}k_\alpha x_\alpha)\exp(-\mathrm{i}\omega t)\tag{7.6}$$

这里的应力幅值 b_j 与位移幅值 a_j 的关系为

$$b_j = \mathrm{i}(c_{3jm\alpha}k_\alpha + c_{3jm3}k_3)a_m \tag{7.7}$$

结合式(7.7)，式(7.4)可以改写为

$$\begin{bmatrix} -\boldsymbol{T}^{-1}\boldsymbol{R}^{\mathrm{T}} & -\mathrm{i}\boldsymbol{T}^{-1} \\ -\mathrm{i}\{(\boldsymbol{Q}-\rho\omega^2\boldsymbol{I})-\boldsymbol{R}\boldsymbol{T}^{-1}\boldsymbol{R}^{\mathrm{T}}\} & -\boldsymbol{R}\boldsymbol{T}^{-1} \end{bmatrix}\begin{bmatrix} \boldsymbol{a} \\ \boldsymbol{b} \end{bmatrix} = k_3\begin{bmatrix} \boldsymbol{a} \\ \boldsymbol{b} \end{bmatrix} \tag{7.8}$$

由于在图 7.1 中，考虑波沿 x_1 方向传播，因此 k_2 为零。对于给定的波数 k_1 和频率 ω，由式(7.8)可以得到 6 个特征值 k_3 以及相应的特征向量($\boldsymbol{a}$, $\boldsymbol{b}$)。这 6 个特征值可分为两类，表示为 $\boldsymbol{s}_1$ 和 $\boldsymbol{s}_2$，其中 $\boldsymbol{s}_1$ 的虚部大于零而 $\boldsymbol{s}_2$ 的虚部小于零。在具有上表面厚度坐标 $x_3=z_j$ 和下表面厚度坐标 $x_3=z_{j-1}$ 的任意第 j 层中，位移向量 $\boldsymbol{u}=[u_1, u_2, u_3]^{\mathrm{T}}$ 和牵引力向量 $\boldsymbol{t}=[\sigma_{31}, \sigma_{32}, \sigma_{33}]^{\mathrm{T}}$ 可以表示为(约去共同的因子 $\exp(\mathrm{i}k_\alpha x_\alpha)\exp(-\mathrm{i}\omega t)$)

$$\begin{bmatrix} \boldsymbol{u} \\ \boldsymbol{t} \end{bmatrix} = \begin{bmatrix} \boldsymbol{E}_{11} & \boldsymbol{E}_{12} \\ \boldsymbol{E}_{21} & \boldsymbol{E}_{22} \end{bmatrix}\begin{bmatrix} \langle \mathrm{e}^{\mathrm{i}s_1(z-z_{j-1})}\rangle & \boldsymbol{0} \\ \boldsymbol{0} & \langle \mathrm{e}^{-\mathrm{i}s_2(z_j-z)}\rangle \end{bmatrix}\begin{bmatrix} \boldsymbol{c}_1 \\ \boldsymbol{c}_2 \end{bmatrix} \tag{7.9}$$

其中，$\langle \mathrm{e}^{\mathrm{i}s_1 z}\rangle=\mathrm{diag}(\mathrm{e}^{\mathrm{i}s_1 z}, \mathrm{e}^{\mathrm{i}s_2 z}, \mathrm{e}^{\mathrm{i}s_3 z})$ 和 $\langle \mathrm{e}^{\mathrm{i}s_2 z}\rangle=\mathrm{diag}(\mathrm{e}^{\mathrm{i}s_4 z}, \mathrm{e}^{\mathrm{i}s_5 z}, \mathrm{e}^{\mathrm{i}s_6 z})$ 是两个对角矩阵；$[\boldsymbol{E}_{11}]=[\boldsymbol{a}_1, \boldsymbol{a}_2, \boldsymbol{a}_3]$，$[\boldsymbol{E}_{21}]=[\boldsymbol{b}_1, \boldsymbol{b}_2, \boldsymbol{b}_3]$为对应于特征值 $\boldsymbol{s}_1$ 的特征向量；$[\boldsymbol{E}_{12}]=[\boldsymbol{a}_4, \boldsymbol{a}_5, \boldsymbol{a}_6]$，$[\boldsymbol{E}_{22}]=[\boldsymbol{b}_4, \boldsymbol{b}_5, \boldsymbol{b}_6]$为对应于特征值 $\boldsymbol{s}_2$ 的特征向量；$\boldsymbol{c}_1$ 和 $\boldsymbol{c}_2$ 是待定的系数。分别令式(7.9)中的 $z=z_j$ 和 $z=z_{j-1}$，消去 $\boldsymbol{c}_1$ 和 $\boldsymbol{c}_2$ 可得在上表面($x_3=z_j$)和下表面($x_3=z_{j-1}$)的$[\boldsymbol{u}(z_j); \boldsymbol{t}(z_j)]$与$[\boldsymbol{u}(z_{j-1}); \boldsymbol{t}(z_{j-1})]$之间的关系

$$\begin{bmatrix} \boldsymbol{u}(z_j) \\ \boldsymbol{t}(z_j) \end{bmatrix} = \begin{bmatrix} \boldsymbol{E}_{11} & \boldsymbol{E}_{12} \\ \boldsymbol{E}_{21} & \boldsymbol{E}_{22} \end{bmatrix}\begin{bmatrix} \langle \mathrm{e}^{\mathrm{i}s_1 h_j}\rangle & \boldsymbol{0} \\ \boldsymbol{0} & \langle \mathrm{e}^{\mathrm{i}s_2 h_j}\rangle \end{bmatrix}\begin{bmatrix} \boldsymbol{E}_{11} & \boldsymbol{E}_{12} \\ \boldsymbol{E}_{21} & \boldsymbol{E}_{22} \end{bmatrix}^{-1}\begin{bmatrix} \boldsymbol{u}(z_{j-1}) \\ \boldsymbol{t}(z_{j-1}) \end{bmatrix} \tag{7.10}$$

式(7.10)为传统的传递矩阵形式。由于 $\boldsymbol{s}_1$ 的虚部大于零而 $\boldsymbol{s}_2$ 的虚部小于零，$\langle \mathrm{e}^{\mathrm{i}s_1 h_j}\rangle$ 与 $\langle \mathrm{e}^{\mathrm{i}s_2 h_j}\rangle$ 的量级差异很大，在频厚积较大时存在数值不稳定[3]。这里对式(7.10)进行改进，采用对偶变量及位置(DVP)法[5,6]，即交换 $\boldsymbol{u}(z_j)$ 和 $\boldsymbol{u}(z_{j-1})$ 的位置可得

$$\begin{bmatrix} \boldsymbol{u}(z_{j-1}) \\ \boldsymbol{t}(z_j) \end{bmatrix} = \begin{bmatrix} \boldsymbol{S}_{11}^j & \boldsymbol{S}_{12}^j \\ \boldsymbol{S}_{21}^j & \boldsymbol{S}_{22}^j \end{bmatrix}\begin{bmatrix} \boldsymbol{u}(z_j) \\ \boldsymbol{t}(z_{j-1}) \end{bmatrix} \tag{7.11}$$

其中

$$\begin{bmatrix} \boldsymbol{S}_{11}^j & \boldsymbol{S}_{12}^j \\ \boldsymbol{S}_{21}^j & \boldsymbol{S}_{22}^j \end{bmatrix} = \begin{bmatrix} \boldsymbol{E}_{11} & \boldsymbol{E}_{12}\langle \mathrm{e}^{-\mathrm{i}s_2 h_j}\rangle \\ \boldsymbol{E}_{21}\langle \mathrm{e}^{\mathrm{i}s_1 h_j}\rangle & \boldsymbol{E}_{22} \end{bmatrix}\begin{bmatrix} \boldsymbol{E}_{11}\langle \mathrm{e}^{\mathrm{i}s_1 h_j}\rangle & \boldsymbol{E}_{12} \\ \boldsymbol{E}_{21} & \boldsymbol{E}_{22}\langle \mathrm{e}^{-\mathrm{i}s_2 h_j}\rangle \end{bmatrix}^{-1} \tag{7.12}$$

可以发现式(7.12)是数值稳定的，因为其中的指数项均为负指数，且不处于同一

整列、同一整行。对于第 j+1 层，可以得到类似的关系

$$\begin{bmatrix} \boldsymbol{u}(z_j) \\ \boldsymbol{t}(z_{j+1}) \end{bmatrix} = \begin{bmatrix} \boldsymbol{S}_{11}^{j+1} & \boldsymbol{S}_{12}^{j+1} \\ \boldsymbol{S}_{21}^{j+1} & \boldsymbol{S}_{22}^{j+1} \end{bmatrix} \begin{bmatrix} \boldsymbol{u}(z_{j+1}) \\ \boldsymbol{t}(z_j) \end{bmatrix} \tag{7.13}$$

在第 j 层与第 j+1 层界面完美的情况下，用位移应力连续性条件消去式(7.11)和式(7.13)中的界面位移 $\boldsymbol{u}(z_j)$ 和 $\boldsymbol{t}(z_j)$，可得

$$\begin{bmatrix} \boldsymbol{u}(z_{j-1}) \\ \boldsymbol{t}(z_{j+1}) \end{bmatrix} = \begin{bmatrix} \boldsymbol{S}_{11}^{j:j+1} & \boldsymbol{S}_{12}^{j:j+1} \\ \boldsymbol{S}_{21}^{j:j+1} & \boldsymbol{S}_{22}^{j:j+1} \end{bmatrix} \begin{bmatrix} \boldsymbol{u}(z_{j+1}) \\ \boldsymbol{t}(z_{j-1}) \end{bmatrix} \tag{7.14}$$

其中

$$\begin{aligned} &[\boldsymbol{S}_{11}^{j:j+1}] = [\boldsymbol{S}_{11}^{j}\boldsymbol{S}_{11}^{j+1}] + [\boldsymbol{S}_{11}^{j}\boldsymbol{S}_{12}^{j+1}][\mathbf{I} - \boldsymbol{S}_{21}^{j}\boldsymbol{S}_{12}^{j+1}]^{-1}[\boldsymbol{S}_{21}^{j}\boldsymbol{S}_{11}^{j+1}] \\ &[\boldsymbol{S}_{12}^{j:j+1}] = [\boldsymbol{S}_{11}^{j}\boldsymbol{S}_{12}^{j+1}][\mathbf{I} - \boldsymbol{S}_{21}^{j}\boldsymbol{S}_{12}^{j+1}]^{-1}[\boldsymbol{S}_{22}^{j}] + [\boldsymbol{S}_{12}^{j}] \\ &[\boldsymbol{S}_{21}^{j:j+1}] = [\boldsymbol{S}_{21}^{j+1}] + [\boldsymbol{S}_{22}^{j+1}][\mathbf{I} - \boldsymbol{S}_{21}^{j}\boldsymbol{S}_{12}^{j+1}]^{-1}[\boldsymbol{S}_{21}^{j}\boldsymbol{S}_{11}^{j+1}] \\ &[\boldsymbol{S}_{22}^{j:j+1}] = [\boldsymbol{S}_{22}^{j+1}][\mathbf{I} - \boldsymbol{S}_{21}^{j}\boldsymbol{S}_{12}^{j+1}]^{-1}[\boldsymbol{S}_{22}^{j}] \end{aligned} \tag{7.15}$$

这里采用弹簧模型[2]模拟各向异性层之间的不完美界面，即层间的应力保持连续而位移有间断。如图 7.1 中所示的不完美界面 x_3=z_1 之间的位移和牵引力向量有如下关系：

$$\begin{aligned} &(u_1(z_{1+}) - u_1(z_{1-}))K_1 = \sigma_{31}(z_{1+}) \\ &(u_2(z_{1+}) - u_2(z_{1-}))K_2 = \sigma_{32}(z_{1+}) \\ &(u_3(z_{1+}) - u_3(z_{1-}))K_3 = \sigma_{33}(z_{1+}) \end{aligned} \tag{7.16}$$

其中 K_1、K_2 和 K_3 为 3 个法向界面黏接刚度系数，按照如下设置这 3 个系数，不完美界面可以等效地视为一个各向异性薄层[2]：

$$\begin{aligned} &K_1 = \frac{c_{44}^{\text{int}}c_{55}^{\text{int}} - (c_{45}^{\text{int}})^2}{c_{44}^{\text{int}}h_{\text{int}}}, \quad K_2 = \frac{c_{44}^{\text{int}}c_{55}^{\text{int}} - (c_{45}^{\text{int}})^2}{c_{55}^{\text{int}}h_{\text{int}}}, \quad K_3 = \frac{c_{33}^{\text{int}}}{h_{\text{int}}} \\ &c_{pq}^{\text{ave}} = (c_{pq}^{\text{top}} + c_{pq}^{\text{bottom}})/2 \\ &c_{pq}^{\text{int}} = \kappa c_{pq}^{\text{ave}} \end{aligned} \tag{7.17}$$

其中 c_{pq}^{int} 是界面薄层的刚度系数；h_{int} 是界面薄层的厚度；c_{pq}^{ave} 是上下层刚度系数的平均值。这里设置 h_{int} 为 0.1h，即为双层结构总厚度 2h 的二十分之一。通过改变界面薄层刚度系数 c_{pq}^{int} 与上下两层平均刚度系数 c_{pq}^{ave} 的比值(κ)来得到不同的界面黏接刚度系数 K_1、K_2 和 K_3。

为了使不完美界面之间的位移牵引力向量满足式(7.14)的一般递归关系，将式(7.16)改写为如下形式：

$$\begin{bmatrix} \boldsymbol{u}(z_{1-}) \\ \boldsymbol{t}(z_{1+}) \end{bmatrix} = \begin{bmatrix} \boldsymbol{I} & -\boldsymbol{S}_{\text{int}} \\ \boldsymbol{0} & \boldsymbol{I} \end{bmatrix} \begin{bmatrix} \boldsymbol{u}(z_{1+}) \\ \boldsymbol{t}(z_{1-}) \end{bmatrix} \tag{7.18}$$

其中$[\boldsymbol{S}_{\text{int}}]$是对角矩阵，表达式如下：

$$[\boldsymbol{S}_{\text{int}}] = \begin{bmatrix} K_1^{-1} & 0 & 0 \\ 0 & K_2^{-1} & 0 \\ 0 & 0 & K_1^{-3} \end{bmatrix} \tag{7.19}$$

可以发现表示不完美界面的式(7.18)与表示单层板的式(7.11)和式(7.13)有相同形式，因此可以使用一般递归关系式(7.14)得到含有不完美界面的复合结构上下表面位移牵引力的关系式，以图 7.1 中所示的双层结构为例可得

$$\begin{bmatrix} \boldsymbol{u}(z_0) \\ \boldsymbol{t}(z_2) \end{bmatrix} = \begin{bmatrix} \boldsymbol{S}_{11}^{1:2} & \boldsymbol{S}_{12}^{1:2} \\ \boldsymbol{S}_{21}^{1:2} & \boldsymbol{S}_{22}^{1:2} \end{bmatrix} \begin{bmatrix} \boldsymbol{u}(z_2) \\ \boldsymbol{t}(z_0) \end{bmatrix} \tag{7.20}$$

这里的上标 1:2 表示从第一层到第二层并包括层间的不完美界面。考虑牵引力自由的边界条件，即 $\boldsymbol{t}(z_0)=0$，$\boldsymbol{t}(z_2)=0$，且要求表面的位移 $\boldsymbol{u}(z_2)$ 非零，可得

$$\det[\boldsymbol{S}_{21}^{1:2}] = 0 \tag{7.21}$$

式(7.21)即为频散方程，值得注意的是该方程可以处理大多数不完美界面的情况，但无法处理界面完全分层的极端情况，因为传递矩阵无法传过完全分层的界面，针对这种特殊情况的频散方程的推导将在 7.5 节中进一步讨论。

7.3　两种整体坐标系下不同取向的材料参数变换

为了验证 7.2 节中用改进的传递矩阵法(即 DVP 法)所推导的新形式的频散方程的正确性，这里同样采用 6.3 节中所展示的数值方法，即半解析有限元(SAFE)法，计算完美界面情况下的结果作对比。考虑完美界面情况下的双层结构，如图 7.2 所示。

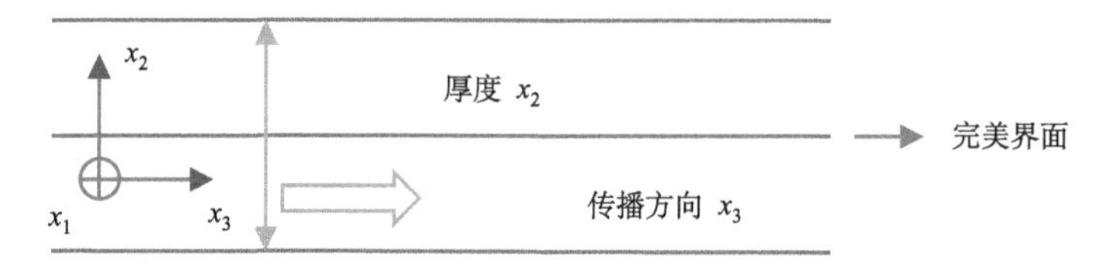

图 7.2　完美界面双层结构

在整体坐标系(x_1, x_2, x_3)中，波沿 x_3 方向传播，板厚为 x_2 方向；该整体坐标系与图 6.1 相同，但与图 7.1 不同；局部坐标系与图 7.1 相同，因此不再展示

值得注意的是，图 7.2 中的整体坐标系不同于图 7.1。选取两种不同的整体坐标系是为了同时验证从局部坐标系到整体坐标系的材料参数变换的正确性。由于这里涉及的均为笛卡儿直角坐标系，因此协变基矢量和逆变基矢量相同。假设向量 $\boldsymbol{r}$ 在局部坐标系 $(\boldsymbol{G}_1, \boldsymbol{G}_2, \boldsymbol{G}_3)$ 的坐标为 (X_1, X_2, X_3)，在整体坐标系 $(\boldsymbol{g}_1, \boldsymbol{g}_2, \boldsymbol{g}_3)$ 的坐标为 (x_1, x_2, x_3)：

$$\boldsymbol{r} = x_j \boldsymbol{g}_j = X_j \boldsymbol{G}_j \tag{7.22}$$

两个坐标系中向量 $\boldsymbol{r}$ 的坐标转换关系为

$$\begin{aligned} x_i &= \boldsymbol{a}_{ij} X_j \\ \boldsymbol{a}_{ij} &= \boldsymbol{g}_i \cdot \boldsymbol{G}_j \end{aligned} \tag{7.23}$$

为了方便计算变换矩阵 $\boldsymbol{a}_{ij}$ 的值，图 7.1 和图 7.2 中的坐标系取向总结如图 7.3 所示。

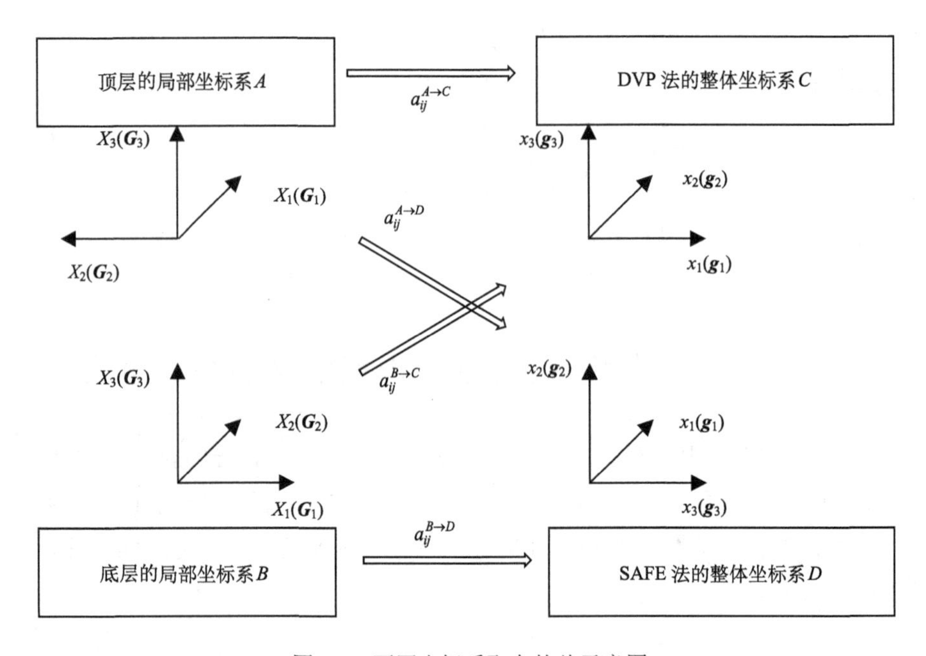

图 7.3 不同坐标系取向的总示意图

利用式(7.23)可得

$$\boldsymbol{a}_{ij}^{A\to C}=\begin{bmatrix}0 & -1 & 0\\ 1 & 0 & 0\\ 0 & 0 & 1\end{bmatrix}\quad \boldsymbol{a}_{ij}^{B\to C}=\begin{bmatrix}1 & 0 & 0\\ 0 & 1 & 0\\ 0 & 0 & 1\end{bmatrix}$$
$$\boldsymbol{a}_{ij}^{A\to D}=\begin{bmatrix}1 & 0 & 0\\ 0 & 0 & 1\\ 0 & -1 & 0\end{bmatrix}\quad \boldsymbol{a}_{ij}^{B\to D}=\begin{bmatrix}0 & 1 & 0\\ 0 & 0 & 1\\ 1 & 0 & 0\end{bmatrix} \tag{7.24}$$

基于式(7.24)中 a_{ij} 的值，利用邦德矩阵[7]可得不同坐标系下弹性以及黏性矩阵的值

$$\boldsymbol{c}_{\text{global}}=\boldsymbol{A}\boldsymbol{c}_{\text{local}}\boldsymbol{A}^{\text{T}} \tag{7.25}$$

其中 $\boldsymbol{A}^{\text{T}}$ 是 $\boldsymbol{A}$ 的转置矩阵，A_{ij} 为邦德矩阵，其与 a_{ij} 的关系如下[7]：

$$\boldsymbol{A}=\begin{bmatrix}
a_{11}^2 & a_{12}^2 & a_{13}^2 & 2a_{12}a_{13} & 2a_{11}a_{13} & 2a_{11}a_{12}\\
a_{21}^2 & a_{22}^2 & a_{23}^2 & 2a_{22}a_{23} & 2a_{21}a_{23} & 2a_{21}a_{22}\\
a_{31}^2 & a_{32}^2 & a_{33}^2 & 2a_{32}a_{33} & 2a_{31}a_{33} & 2a_{31}a_{32}\\
a_{21}a_{31} & a_{22}a_{32} & a_{23}a_{33} & a_{22}a_{33}+a_{23}a_{32} & a_{21}a_{33}+a_{23}a_{31} & a_{21}a_{32}+a_{22}a_{31}\\
a_{11}a_{31} & a_{12}a_{32} & a_{13}a_{33} & a_{12}a_{33}+a_{13}a_{32} & a_{11}a_{33}+a_{13}a_{31} & a_{11}a_{32}+a_{12}a_{31}\\
a_{11}a_{21} & a_{12}a_{22} & a_{13}a_{23} & a_{12}a_{23}+a_{13}a_{22} & a_{11}a_{23}+a_{13}a_{21} & a_{11}a_{22}+a_{12}a_{21}
\end{bmatrix} \tag{7.26}$$

局部坐标系中的材料参数如式(6.10)及式(6.11)所示，经式(7.25)计算的材料参数如表 7.1 和表 7.2 所示。

表 7.1　两个整体坐标系中上下层的弹性矩阵

c/GPa	图 7.1 的上层	图 7.1 的下层	图 7.2 的上层	图 7.2 的下层
c_{11}	25.69	74.29	74.29	25.69
c_{12}	28.94	28.94	5.86	5.65
c_{13}	5.65	5.86	28.94	28.94
c_{14}	−0.0801	0.20	−0.20	−0.0801
c_{15}	−0.0928	−0.11	−37.19	17.52
c_{16}	−17.52	37.19	−0.11	0.0928
c_{22}	74.29	25.69	12.11	12.11
c_{23}	5.86	5.65	5.65	5.86
c_{24}	−0.11	0.0928	−0.0133	−0.0086
c_{25}	−0.20	−0.0801	−0.22	0.22
c_{26}	−37.19	17.52	−0.0086	0.0133

续表

c/GPa	图 7.1 的上层	图 7.1 的下层	图 7.2 的上层	图 7.2 的下层
c_{33}	12.11	12.11	25.69	74.29
c_{34}	−0.0086	0.0133	−0.0928	−0.11
c_{35}	−0.0133	−0.0086	−17.52	37.19
c_{36}	−0.22	0.22	−0.0801	0.20
c_{44}	5.35	4.18	4.18	5.35
c_{45}	−1.31	1.31	0.0949	−0.0705
c_{46}	0.0705	0.0949	−1.31	1.31
c_{55}	4.18	5.35	28.29	28.29
c_{56}	0.0949	−0.0705	0.0705	0.0949
c_{66}	28.29	28.29	5.35	4.18

表 7.2　两个整体坐标系中上下层的黏性矩阵

η/MPa	图 7.1 的上层	图 7.1 的下层	图 7.2 的上层	图 7.2 的下层
η_{11}	71.1	218	218	71.1
η_{12}	76.5	76.5	16.4	19.2
η_{13}	19.2	16.4	76.5	76.5
η_{14}	2.15	−3.60	3.60	2.15
η_{15}	0.771	0.688	−116	50
η_{16}	−50	116	0.688	−0.771
η_{22}	218	71.1	42.2	42.2
η_{23}	16.4	19.2	19.2	16.4
η_{24}	0.688	−0.771	0.9644	0.627
η_{25}	3.60	2.15	3.07	−3.07
η_{26}	−116	50	0.627	−0.9644
η_{33}	42.2	42.2	71.1	218
η_{34}	0.627	−0.9644	0.771	0.688
η_{35}	0.9644	0.627	−50	116
η_{36}	3.07	−3.07	2.15	−3.60
η_{44}	13.6	11.1	11.1	13.6
η_{45}	−2.89	2.89	−1.15	1.48
η_{46}	−1.48	−1.15	−2.89	2.89
η_{55}	11.1	13.6	93.5	93.5
η_{56}	−1.15	1.48	−1.48	−1.15
η_{66}	93.5	93.5	13.6	11.1

若在两种整体坐标系下，两种不同方法和不同材料参数计算出的最终结果一致，那么既验证了两种方法的正确性，也验证了从局部坐标系到整体坐标系材料参数变换的正确性。详细的对比结果见下一节。

7.4　完美界面双层结构中本书算法与半解析法的结果对比

用2.3节的算法计算式(7.21)得到的完美界面双层结构的频散曲线如图7.4所示。

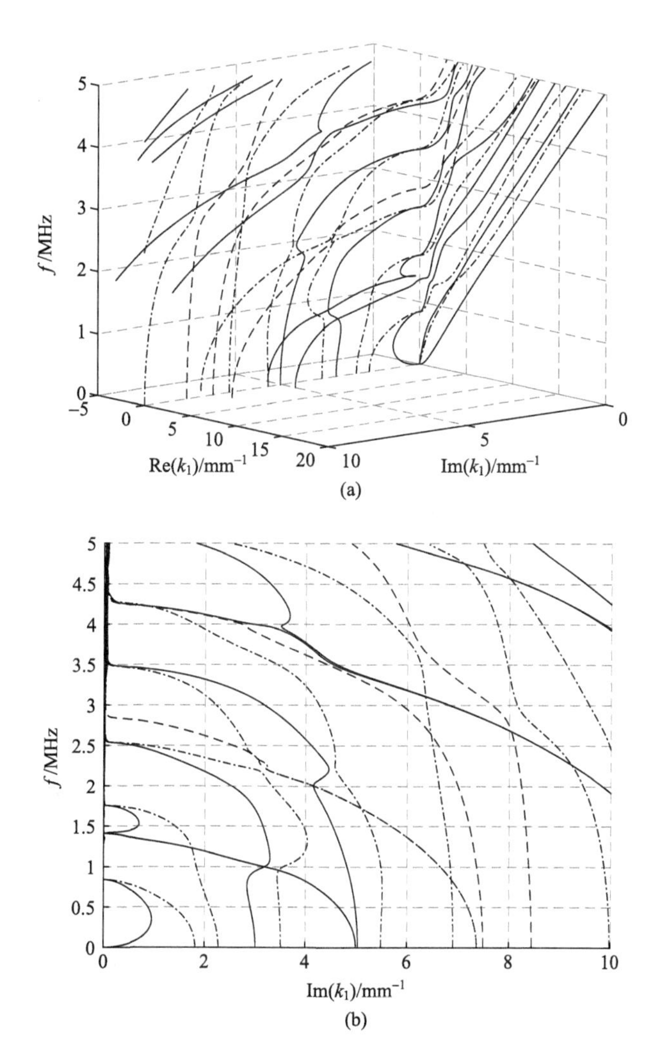

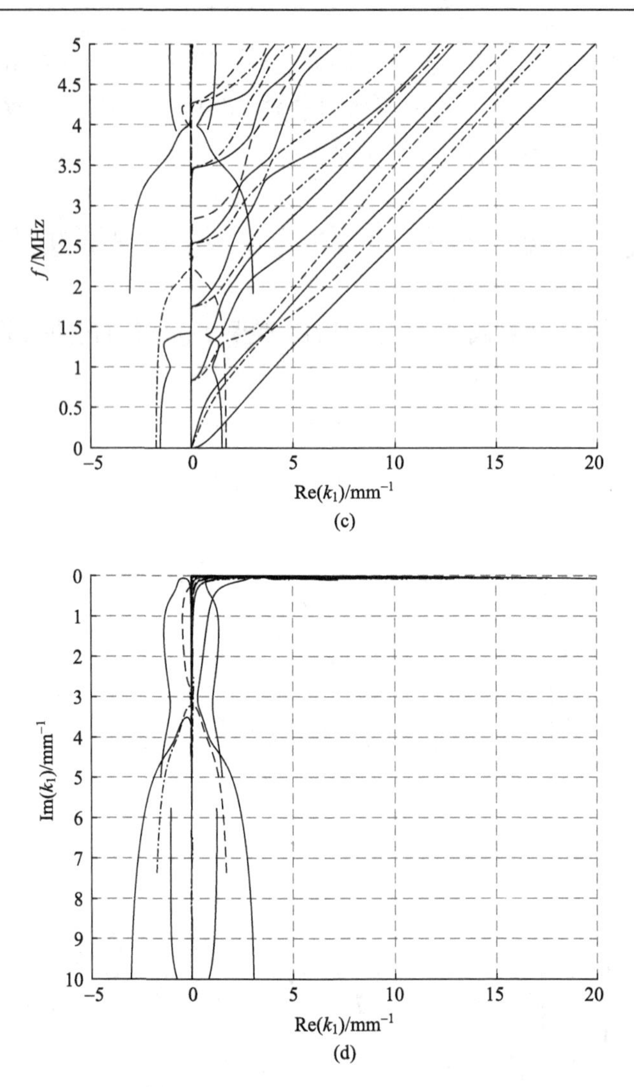

图 7.4　本书算法计算的完美界面双层结构中的三维频散曲线及其三视图

为了后续追踪不完美界面下各阶曲线分支的演化，在图 7.4 中相邻的分支用不同的线型标记出来以示区别。结合图 7.4 中的三视图，可以很清楚地观察到每阶分支在空间中的走向。

由于图 7.4 中的虚波数范围很大，无法分辨传播波具有的较小的虚波数，因此在图 7.5 中，将虚波数的范围限制在 0～0.12 mm^{-1}，来观察传播波的衰减特性。同时采用 6.3 节、7.3 节和 7.4 节所讨论的数值方法(SAFE)计算相应范围内的结果，并与用 2.3 节算法计算由 DVP 法导出的频散方程式(7.21)的结果作对比，可以发现两种方法的结果一致。这验证了 DVP 法导出的频散方程式(7.21)的正确性，同时由于两种方法的整体坐标系不同，因此也验证了 7.3 节和 7.4 节所讨论的从局部坐标系到整体坐标系的材料参数变换的正确性。这里的双层结构中的频散曲线同样含有6.4 节中所详细讨论的分支转向和衰减跳跃这一现象，如用4 个采样点 1、2、3 和 4 在图 7.5 中所标记的出的区域所示，这种转向现象在不完美界面的情况下会出现分支交换，详细的讨论将在 7.6 节中展示。

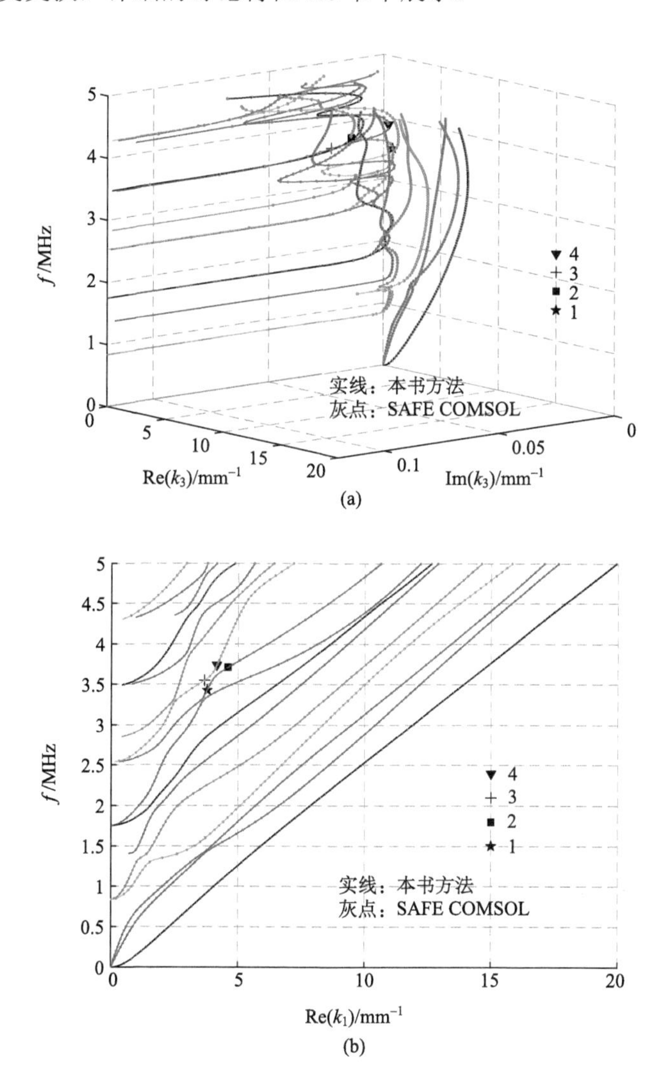

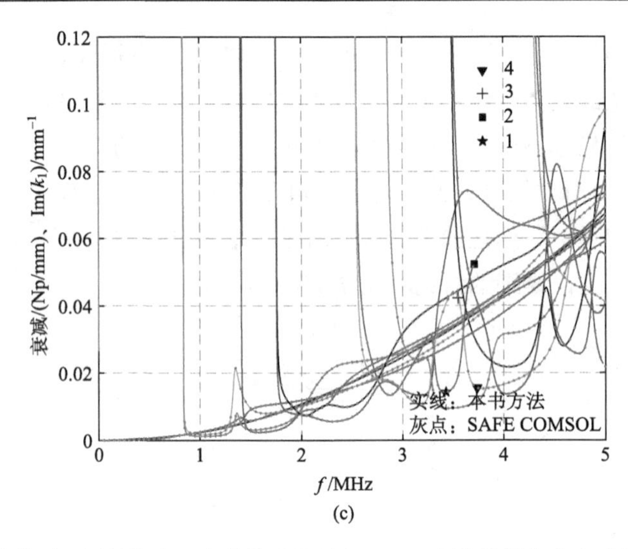

(c)

图 7.5　完美界面双层结构中，本书算法结果与 SAFE 方法结果在小衰减范围内的对比

7.5　界面黏接刚度很小时(完全分层)双层结构中的频散曲线

在得到完美界面情况下频散曲线的结果后，这里继续考虑另一种特殊的不完美界面情况，即界面黏接刚度很小，界面完全分层的情况。当界面黏接刚度 K_1，K_2 和 K_3 很小时，式(7.19)中的矩阵$[\boldsymbol{S}_{\text{int}}]$趋向于无穷，由式(7.16)或式(7.18)可得，此时界面上的牵引力 $\boldsymbol{t}(z_{1+})$ 和 $\boldsymbol{t}(z_{1-})$ 趋于零。换而言之，在这种极端的情况下，界面完全分离，双层结构变成了具有牵引力自由边界的单层上层和单层下层的组合。为了模拟这种界面黏接刚度 K_1，K_2 和 K_3 很小的情况，这里将比值 κ 设为 10^{-4}。

正如 7.2 节所述，由于传递矩阵无法传过完全分层的界面，所以式(7.21)无法处理这种极端的情况。实际上，由于式(7.21)确保了式(7.20)中的位移 $\boldsymbol{u}(z_2)$ 非零，在界面黏接刚度 K_1，K_2 和 K_3 很小的完全分层的情况下，该式只得到了单层上层的频散曲线。为了得到下层的频散方程，可以将 7.2 节中的传递关系反向，即交换式(7.10)中的 $\boldsymbol{t}(z_j)$ 和 $\boldsymbol{t}(z_{j-1})$ 的位置，可得

$$\begin{bmatrix} \boldsymbol{u}(z_j) \\ \boldsymbol{t}(z_{j-1}) \end{bmatrix} = \begin{bmatrix} \boldsymbol{M}_{11}^j & \boldsymbol{M}_{12}^j \\ \boldsymbol{M}_{21}^j & \boldsymbol{M}_{22}^j \end{bmatrix} \begin{bmatrix} \boldsymbol{u}(z_{j-1}) \\ \boldsymbol{t}(z_j) \end{bmatrix} \tag{7.27}$$

其中

$$\begin{bmatrix} \boldsymbol{M}_{11}^{j} & \boldsymbol{M}_{12}^{j} \\ \boldsymbol{M}_{21}^{j} & \boldsymbol{M}_{22}^{j} \end{bmatrix} = \begin{bmatrix} \boldsymbol{E}_{11}\langle \mathrm{e}^{\mathrm{i}s_1 h_j} \rangle & \boldsymbol{E}_{12} \\ \boldsymbol{E}_{21} & \boldsymbol{E}_{22}\langle \mathrm{e}^{-\mathrm{i}s_2 h_j} \rangle \end{bmatrix} \begin{bmatrix} \boldsymbol{E}_{11} & \boldsymbol{E}_{12}\langle \mathrm{e}^{-\mathrm{i}s_2 h_j} \rangle \\ \boldsymbol{E}_{21}\langle \mathrm{e}^{\mathrm{i}s_1 h_j} \rangle & \boldsymbol{E}_{22} \end{bmatrix}^{-1} \tag{7.28}$$

相应的递推关系为

$$\begin{bmatrix} \boldsymbol{u}(z_{j+1}) \\ \boldsymbol{t}(z_{j-1}) \end{bmatrix} = \begin{bmatrix} \boldsymbol{M}_{11}^{j:j+1} & \boldsymbol{M}_{12}^{j:j+1} \\ \boldsymbol{M}_{21}^{j:j+1} & \boldsymbol{M}_{22}^{j:j+1} \end{bmatrix} \begin{bmatrix} \boldsymbol{u}(z_{j-1}) \\ \boldsymbol{t}(z_{j+1}) \end{bmatrix} \tag{7.29}$$

其中

$$\begin{aligned} &[\boldsymbol{M}_{11}^{j:j+1}] = [\boldsymbol{M}_{11}^{j+1}][\boldsymbol{I} - \boldsymbol{M}_{12}^{j}\boldsymbol{M}_{21}^{j+1}]^{-1}[\boldsymbol{M}_{11}^{j}] \\ &[\boldsymbol{M}_{12}^{j:j+1}] = [\boldsymbol{M}_{11}^{j+1}][\boldsymbol{I} - \boldsymbol{M}_{12}^{j}\boldsymbol{M}_{21}^{j+1}]^{-1}[\boldsymbol{M}_{12}^{j}\boldsymbol{M}_{22}^{j+1}] + [\boldsymbol{M}_{12}^{j+1}] \\ &[\boldsymbol{M}_{21}^{j:j+1}] = [\boldsymbol{M}_{21}^{j}] + [\boldsymbol{M}_{22}^{j}][\boldsymbol{I} - \boldsymbol{M}_{21}^{j+1}\boldsymbol{M}_{12}^{j}]^{-1}[\boldsymbol{M}_{21}^{j+1}\boldsymbol{M}_{11}^{j}] \\ &[\boldsymbol{M}_{22}^{j:j+1}] = [\boldsymbol{M}_{22}^{j}][\boldsymbol{I} - \boldsymbol{M}_{21}^{j+1}\boldsymbol{M}_{12}^{j}]^{-1}[\boldsymbol{M}_{22}^{j+1}] \end{aligned} \tag{7.30}$$

对于图 7.1 中的双层结构，可得

$$\begin{bmatrix} \boldsymbol{u}(z_2) \\ \boldsymbol{t}(z_0) \end{bmatrix} = \begin{bmatrix} \boldsymbol{M}_{11}^{1:2} & \boldsymbol{M}_{12}^{1:2} \\ \boldsymbol{M}_{21}^{1:2} & \boldsymbol{M}_{22}^{1:2} \end{bmatrix} \begin{bmatrix} \boldsymbol{u}(z_0) \\ \boldsymbol{t}(z_2) \end{bmatrix} \tag{7.31}$$

应用上下表面的牵引力自由边界条件 $\boldsymbol{t}(z_0)=0$ 和 $\boldsymbol{t}(z_2)=0$，并要求 $\boldsymbol{u}(z_0)$ 非零，可得

$$\det[\boldsymbol{M}_{21}^{1:2}] = 0 \tag{7.32}$$

在界面黏接刚度 K_1，K_2 和 K_3 很小的完全分层的情况下，式(7.32)确保了位移 $\boldsymbol{u}(z_0)$ 非零，因此表示的是下层的频散方程。除了这个极端情况，式(7.32)和式(7.21)都表示整个双层结构的频散方程。界面黏接刚度 K_1，K_2 和 K_3 很小($\kappa=10^{-4}$)时的计算结果如图 7.6 所示。

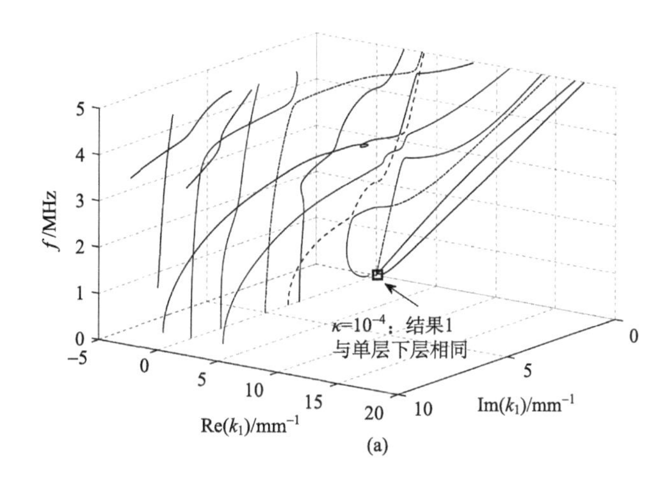

(a)

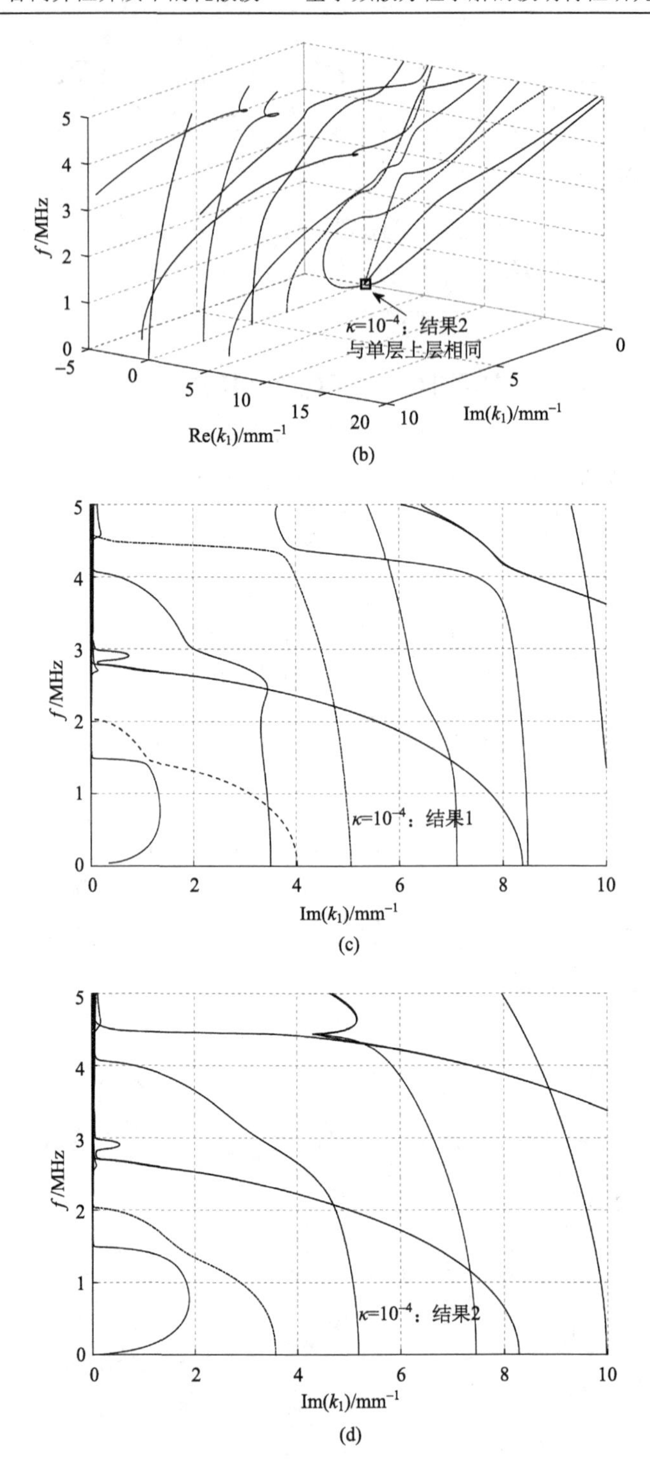

f/MHz
Re(k_1)/mm^{-1}
Im(k_1)/mm^{-1}
κ=10^{-4}：结果2
与单层上层相同
κ=10^{-4}：结果1
κ=10^{-4}：结果2

(b)

(c)

(d)

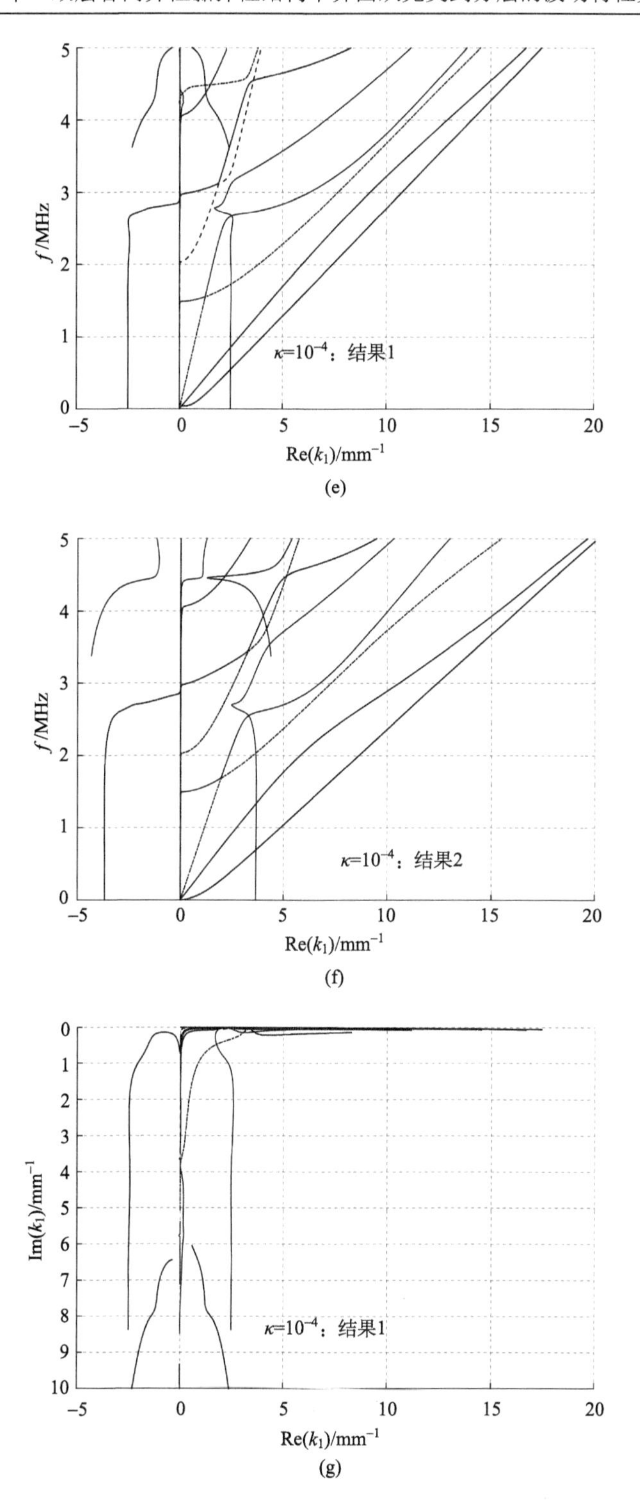

f /MHz
Re(k_1)/mm^{-1}
κ=10^{-4}：结果1
(e)
f /MHz
Re(k_1)/mm^{-1}
κ=10^{-4}：结果2
(f)
Im(k_1)/mm^{-1}
Re(k_1)/mm^{-1}
κ=10^{-4}：结果1
(g)

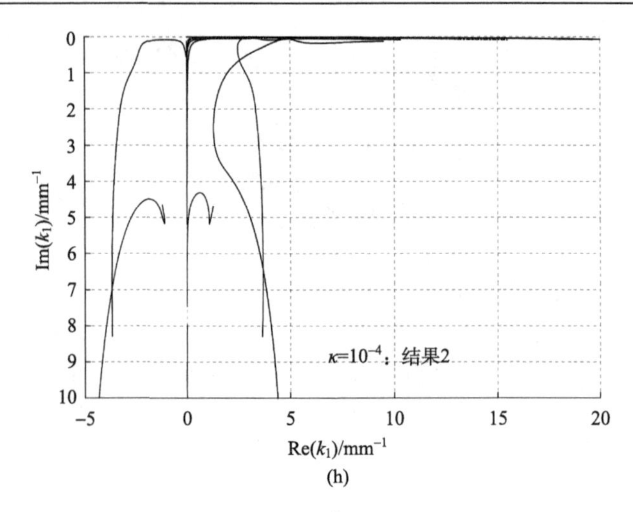

图 7.6　界面黏接刚度很小时(κ=10^{-4})的三维频散曲线和相应的三视图

(a)中的结果计算自式(7.32)；(b)中的结果计算自式(7.21)

为了验证分层情况下的结果，将式(7.11)分别应用于具有牵引力自由的两个单层，可以得到上下两个单层板的频散曲线的结果，分别与图 7.6 中的两种结果对比，发现图 7.6(a)中的结果与单层下层中的频散曲线几乎一致，而图 7.6(b)中的结果与单层上层中的频散曲线几乎一致。唯一的差异存在于由方框标记的接近原点的微小区域，这种差异是因为界面黏接刚度 K_1，K_2 和 K_3 虽然很小(κ=10^{-4})，但没有达到零，因此与两个独立单层的结果仍有微小不同。

对比图 7.6(a)和图 7.6(b)中的结果可以发现两者完全不同，这是由相同材料的不同取向造成的。详细的差异可以从三维曲线的三视图中看出。同时，对比图 7.6 和图 7.4 可以发现，在相同的频率范围 0～5 MHz 内，图 7.6(a)和图 7.6(b)中的分支数目远少于图 7.4，这是因为单层板的厚度为双层结构厚度的一半，因此，各阶分支的频率更高。

由于传递矩阵无法传过分层的界面，如上所示，图 7.6(a)和图 7.6(b)分别计算自两个不同的方程，即式(7.32)和式(7.21)。实际上，对 7.2 节中的方程进行形式上的改动，可以用同一方程计算出图 7.6(a)和图 7.6(b)的两种结果。将式(7.11)应用于下层，并结合牵引力自由边界 $\boldsymbol{t}(z_0)$=0 可得

$$\begin{bmatrix} \boldsymbol{S}_{11}^1 & -\boldsymbol{I} & \boldsymbol{0} \\ \boldsymbol{S}_{21}^1 & \boldsymbol{0} & -\boldsymbol{I} \end{bmatrix} \begin{bmatrix} \boldsymbol{u}(z_{1-}) \\ \boldsymbol{u}(z_0) \\ \boldsymbol{t}(z_{1-}) \end{bmatrix} = \boldsymbol{0} \tag{7.33}$$

再将式(7.11)应用于上层，并结合牵引力自由边界 $\boldsymbol{t}(z_2)$=0 可得

$$\begin{bmatrix} \boldsymbol{S}_{11}^2 & \boldsymbol{S}_{12}^2 & -\boldsymbol{I} \\ \boldsymbol{S}_{21}^2 & \boldsymbol{S}_{22}^2 & \boldsymbol{0} \end{bmatrix} \begin{bmatrix} \boldsymbol{u}(z_2) \\ \boldsymbol{t}(z_{1+}) \\ \boldsymbol{u}(z_{1+}) \end{bmatrix} = \boldsymbol{0} \tag{7.34}$$

最终结合式(7.18)可得

$$\begin{bmatrix} \boldsymbol{S}_{11}^2 & -\boldsymbol{I} & \boldsymbol{0} & \boldsymbol{S}_{12}^2 - \boldsymbol{S}_{\text{int}} \\ \boldsymbol{S}_{21}^2 & \boldsymbol{0} & \boldsymbol{0} & \boldsymbol{S}_{22}^2 \\ \boldsymbol{0} & \boldsymbol{S}_{11}^1 & -\boldsymbol{I} & \boldsymbol{0} \\ \boldsymbol{0} & \boldsymbol{S}_{21}^1 & \boldsymbol{0} & -\boldsymbol{I} \end{bmatrix} \begin{bmatrix} \boldsymbol{u}(z_2) \\ \boldsymbol{u}(z_{1-}) \\ \boldsymbol{u}(z_0) \\ \boldsymbol{t}(z_{1-}) \end{bmatrix} = \boldsymbol{0} \tag{7.35}$$

为了得到非零解，要求系数行列式为零

$$\det \begin{bmatrix} \boldsymbol{S}_{11}^2 & -\boldsymbol{I} & \boldsymbol{0} & \boldsymbol{S}_{12}^2 - \boldsymbol{S}_{\text{int}} \\ \boldsymbol{S}_{21}^2 & \boldsymbol{0} & \boldsymbol{0} & \boldsymbol{S}_{22}^2 \\ \boldsymbol{0} & \boldsymbol{S}_{11}^1 & -\boldsymbol{I} & \boldsymbol{0} \\ \boldsymbol{0} & \boldsymbol{S}_{21}^1 & \boldsymbol{0} & -\boldsymbol{I} \end{bmatrix} = 0 \tag{7.36}$$

式(7.36)为适用于任意不完美界面情况下的频散方程，包括界面完全分层的极端情况。当用式(7.36)计算界面黏接刚度 K_1，K_2 和 K_3 很小($\kappa=10^{-4}$)的情况时，会得到同时包含了上层和下层的图 7.6(a)和图 7.6(b)的结果，但从式(7.36)得到的结果中，无法区分哪些曲线是上层板的，哪些曲线是下层板的。

7.6　从完美界面到完全分层的频散曲线及振型的演化规律

7.5 节中的结果表明，当界面黏接刚度 K_1，K_2 和 K_3 很小时，双层结构趋向于界面完全分层。而当界面完美时，由式(7.16)或式(7.18)可得，界面黏接刚度可视为无穷大。这里进一步研究从完美界面到完全分层的演化过程，即界面黏接刚度从无穷大变为很小时，频散曲线及振型的演化规律。

从完美界面的双层结构演化到完全分层的两个单层，频散曲线从图 7.4 变为了图 7.6(a)和图 7.6(b)，在这个过程中，可以预测到可能存在的两种演化过程：

过程 1：具有完美界面的双层结构中的一个频散分支完整地变成了单层上层的一整个频散分支或单层下层的一整个频散分支。

过程 2：具有完美界面的双层结构中的一个频散分支部分地变成了单层上层一个频散分支的一部分，部分地变成了单层下层一个频散分支的一部分。

如果只按照过程 1 来演化，那么频散曲线的分支始终保持一一对应的关系，但实际上，完美界面双层结构的曲线分支（图 7.4）和完全分层的两个单层曲线分支（图 7.6（a）和图 7.6（b））之间不存在这种一一对应的关系。因此，过程 1 不足以完成从完美界面到界面完全分层的转化，实际上，过程 2 是存在的而且是主要的演化方式。

为了更简洁地展示上述的一般演化过程，计算一般界面黏接刚度的频散曲线时，后续主要展示具有小虚波数的传播波的实波数对比频率的二维视图，只在一些必要的区域，辅以其他视角的视图作进一步说明。这些传播波由于衰减慢，在无损检测技术中更受关注。首先，计算了一个轻微的不完美界面模型（$\kappa=1$）的频散曲线，并与图 7.4 中完美界面模型（κ 无穷大）的结果作对比。

可以发现完美界面和不完美界面模型（$\kappa=1$）的大部分分支保持一一对应关系，唯一的区别是，相较完美界面模型，不完美界面模型的曲线分支频率略有降低。例如，点 $A1$ 所处的分支与点 $A0$ 所处的分支对应，且点 $A1$ 的频率略低于点 $A0$；点 $B1$ 所处的分支与点 $B0$ 所处的分支对应，且点 $B1$ 的频率略低于点 $B0$。这种变化机制可以总结为如下机制：

机制 1：改变界面黏接刚度前后，频散曲线分支保持对应，同时频率降低。

与机制 1 类似的频率降低或相速度降低的现象也在以往的研究工作中观察到[8,9]。如果只有机制 1 存在，那么频散曲线始终保持一一对应的关系，而这种对应关系并没有在完美双层结构和完全分层的两个单层结构的结果之间观察到。实际上，除了机制 1 以外，图 7.7（a）中还存在着另外的变化过程，如椭圆框中所标记，且进一步在图 7.7（b）和图 7.7（c）中放大所示。当界面从完美变为不完美（$\kappa=1$）时，如图 7.7（b）中的黑色箭头所指示，虚线分支首先断开，再和另一虚线分支相连接，形成了新的点划线分支和实线分支。相应的断开并重新连接的迹象同样可以在图 7.7（c）中的虚波数 $\mathrm{Im}(k_1)$ 对比实波数 $\mathrm{Re}(k_1)$ 的视角中观察到，如图 7.7（c）中的黑色箭头所指示。虚线分支断开并重新连接导致了分支间的一一对应关系的丢失。这种变化机制总结为如下机制：

机制 2：改变界面黏接刚度前后，相邻的两个分支断开并互相重新连接。

机制 2 导致了类似 6.4 节中的频散分支交换，如图 7.7（a）中的双箭头所指示，但这里的分支交换是由不完美界面造成的，而 6.4 节中的分支交换是由黏性效应引起的。除了图 7.7 中完美界面和不完美界面（$\kappa=1$）的对比，进一步的不完美界面之间（$\kappa=1$，$\kappa=0.1$，$\kappa=10^{-4}$）的对比如图 7.8 和图 7.9 所示。

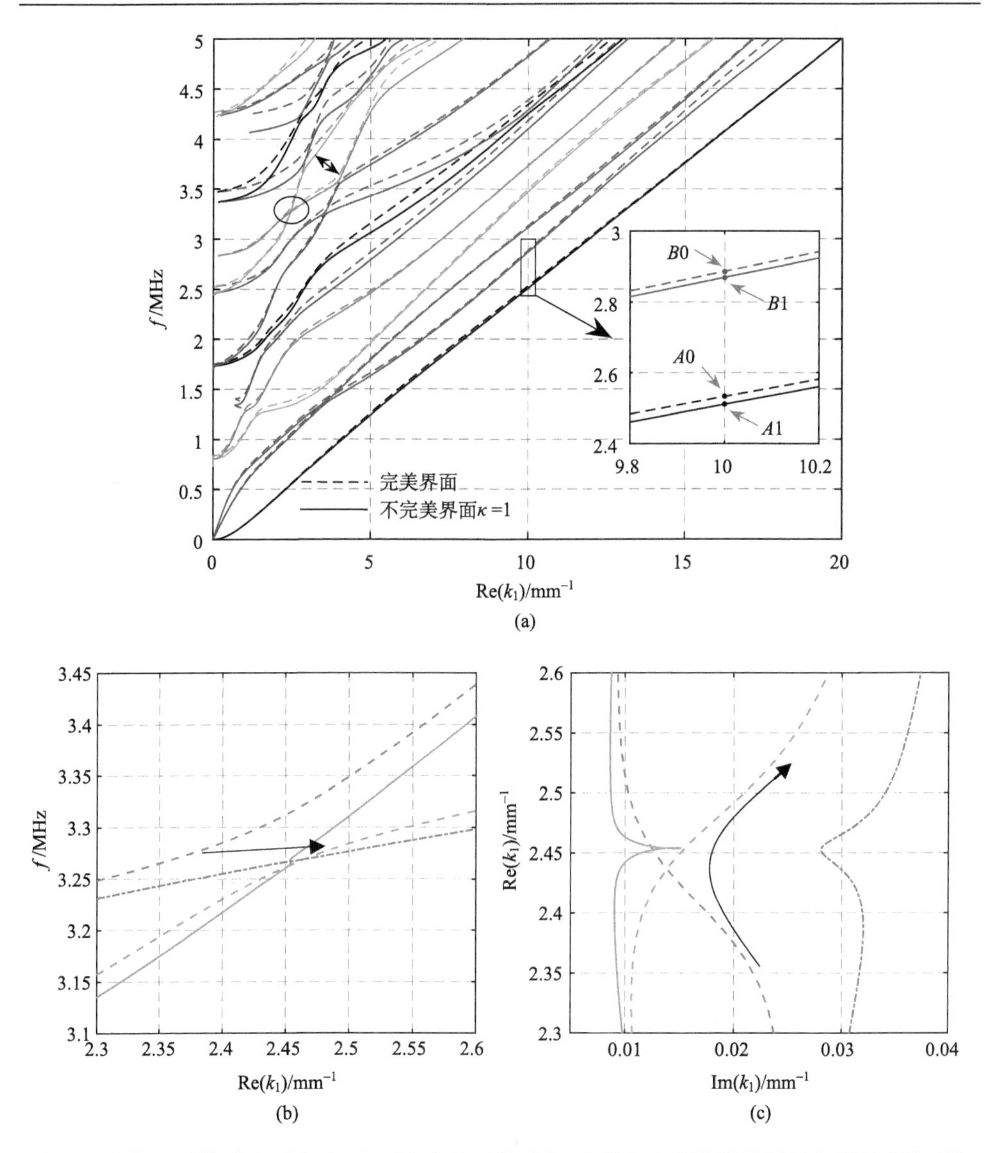

图 7.7　完美界面模型(κ 无穷大)和不完美界面模型(κ=1)具有小虚波数传播波的频散曲线对比

对比图 7.8 中两种不完美界面模型的结果，可以发现不完美界面从 κ=1 变化到 κ=0.1 时，只有低阶分支仍保持对应关系，同时频率降低，如机制 1 所述。而在高频区域，由于机制 2 涉及的分支交换，分支间的对应关系变得难以分辨。进一步可以发现，在图 7.8 中，有 18 条点划线(κ=0.1)，而只有 16 条实线(κ=1)，这表明由于机制 1 中所述的频率降低，不完美界面从 κ=1 变化到 κ=0.1 时，5 MHz 的频率范围内，多出了 2 条分支。

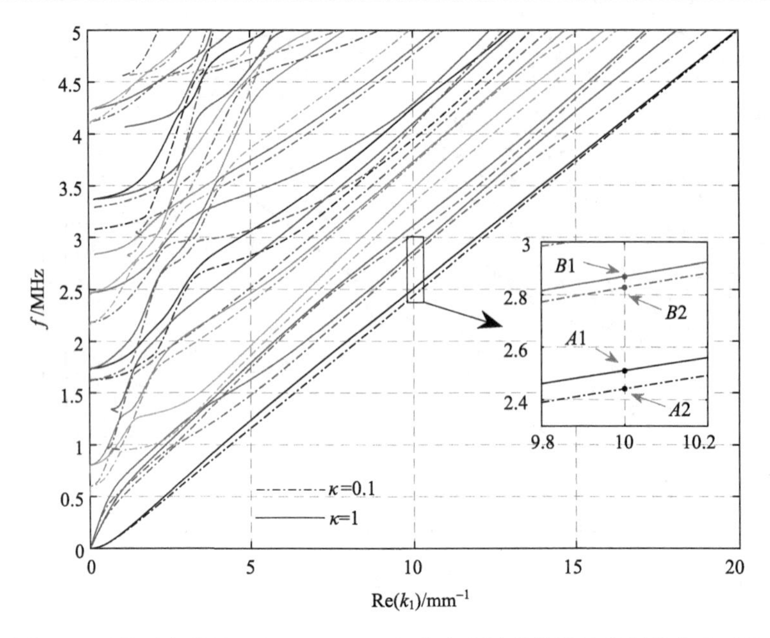

图 7.8　两种不完美界面(κ=0.1，κ=1)具有小虚波数传播波的频散曲线对比

不完美界面 κ=0.1 和 $\kappa=10^{-4}$ 的结果对比如图 7.9 所示，其中 $\kappa=10^{-4}$ 的结果代表着不完美界面几乎完全分层为单层上层和单层下层，如图 7.6 所示。在图 7.9 中，可以发现由于机制 2 中涉及的分支交换，除了最低阶的分支，两种不完美界面模型中分支的一一对应关系完全消失，因此无法区别分支间的对应关系。

图 7.9 中存在着很多分支交换的现象，一个例子如图 7.9(a)中的方框所标记，放大于图 7.9(b)。可以发现图 7.9(b)中，分支 3 的左端趋近于实线，如椭圆框 1 所示，与此同时分支 3 的右端趋近于虚线，如椭圆框 2 所示。这正是过程 2 中所描述的情况，即分支 3 部分地变成了单层上层的一部分分支，部分地变成了单层下层的一部分分支。

值得注意的是，实线与虚线是两个不同材料取向的单层板中互相独立的结果(即图 7.6(a)与图 7.6(b))，因此分支 3 断开了，且它的左端与分支 2 的右端重新连接，形成了单层上层的实线分支，如图 7.9(b)中的虚线箭头所示。这正是机制 2 所描述的过程。此外，分支 2 的左端也和分支 3 的右端重新连接，形成了单层下层的虚线分支。这些断开并重新连接的过程也可以在虚波数 $\mathrm{Im}(k_1)$ 对比频率 f 的图 7.9(c)中观察到，如虚线箭头所示。

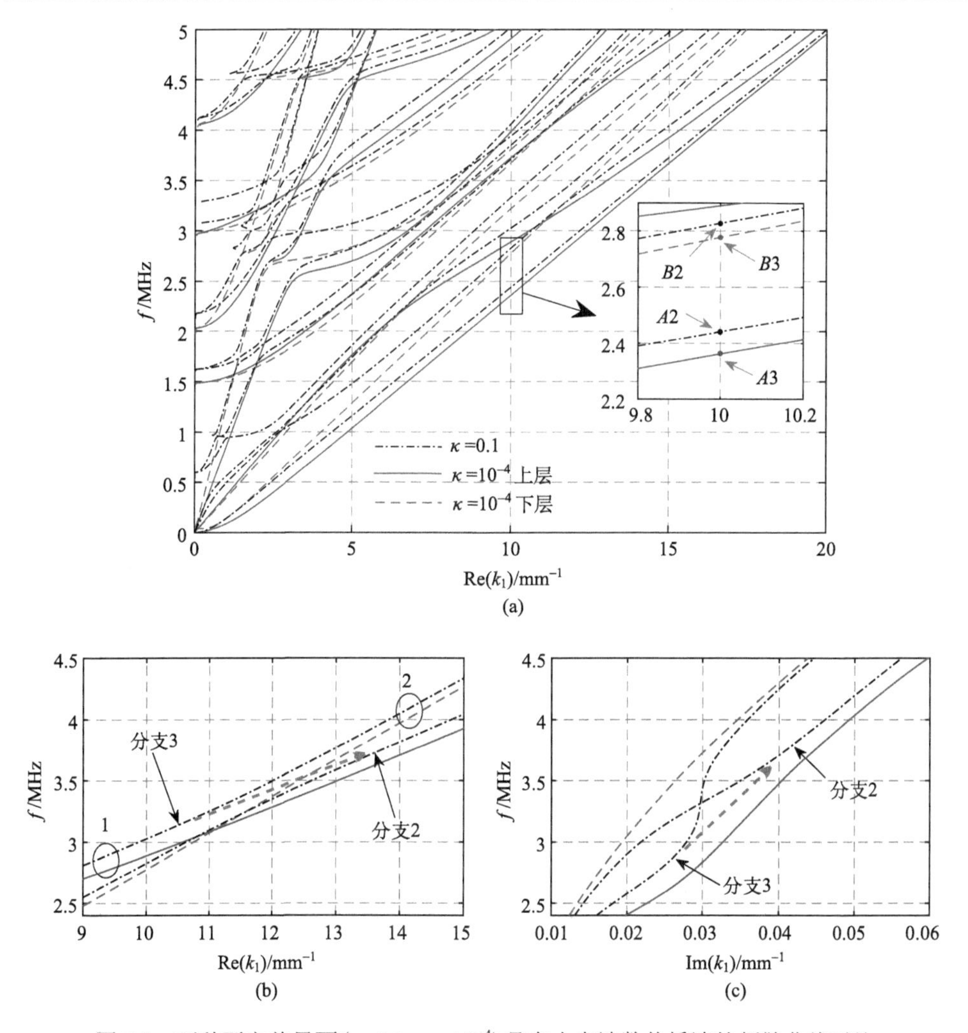

图 7.9　两种不完美界面(κ=0.1，κ=10^{-4})具有小虚波数传播波的频散曲线对比

上述的图 7.7 和图 7.9 中的两个不同的例子表明，分支交换或者机制 2 普遍存在于从完美界面到完全分层的演化过程中。这个机制最终导致了前述的过程 2，并造成了界面黏接刚度变化时分支对应性的丢失。此外，除了过程 2 以外，前述的过程 1 也是存在的，但这个演化过程只是一种特例，只发生在最低阶的分支上，即双层结构的最低阶分支完整地变成了单层顶层的最低阶分支，这个过程可以从图 7.7(a)、图 7.8 和图 7.9(a)中观察到。

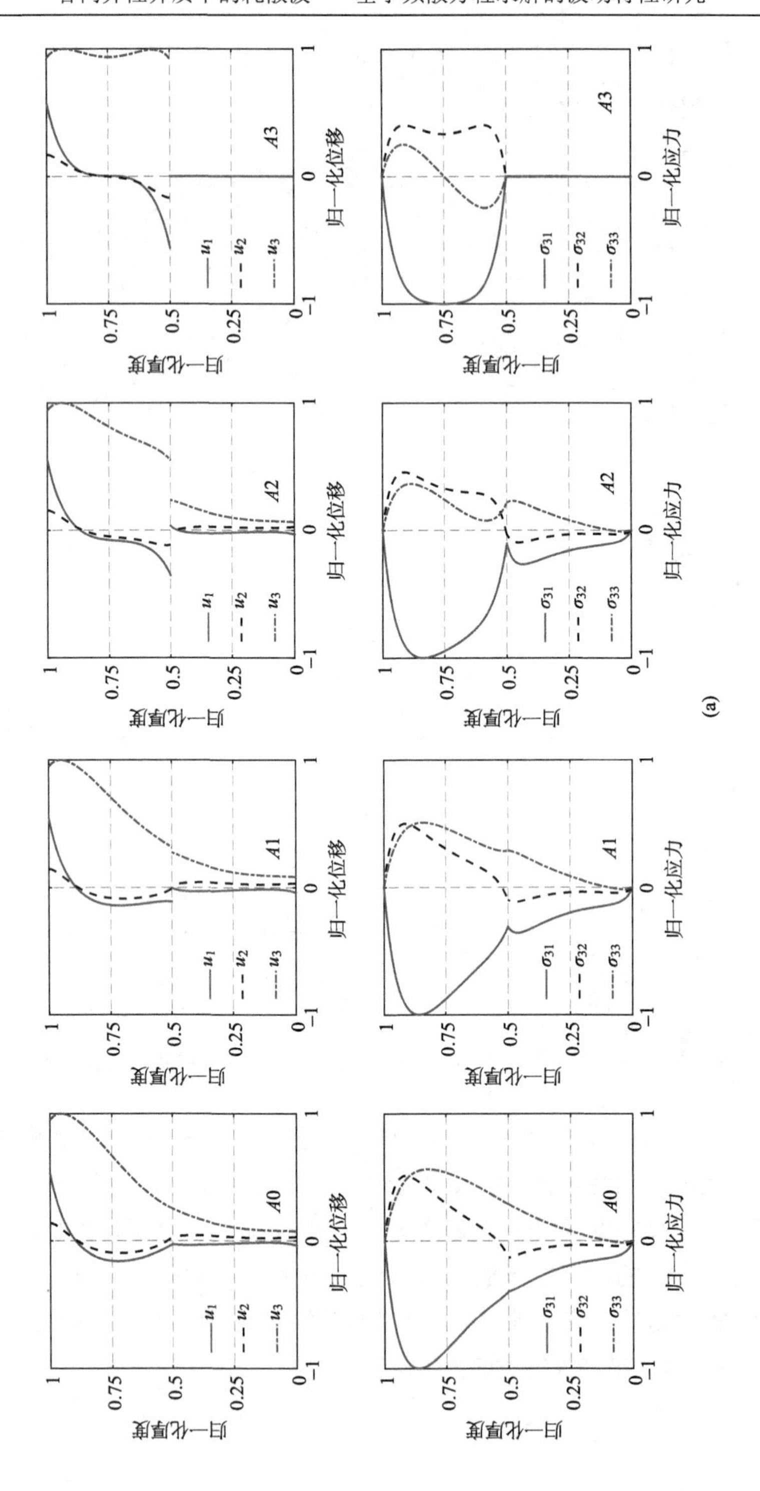
A0
A1
A2
A3
归一化位移
归一化应力
归一化厚度
u_1
u_2
u_3
σ_{31}
σ_{32}
σ_{33}
1
0.75
0.5
0.25
0
−1
1

(a)

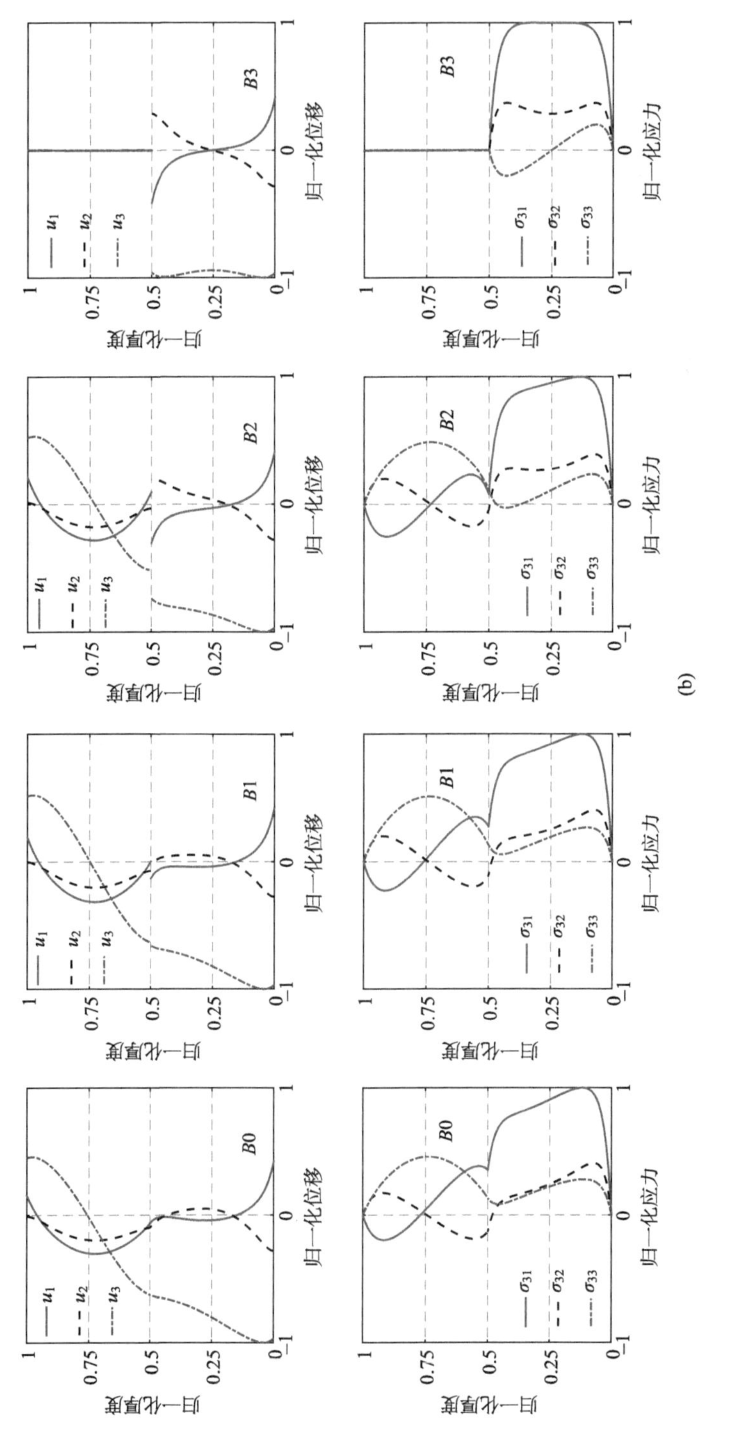

图 7.10　波的振型(位移和应力)演化过程

除了上述讨论的频散曲线的演化过程，这里进一步讨论相应振型的演化过程。由于双层结构中的频散曲线最终演化为两个独立的单层，因此振型的演化也有两种结果。为了更好地说明这点，选取了两组点($A0$，$A1$，$A2$，$A3$；$B0$，$B1$，$B2$，$B3$)，如图 7.7、图 7.8 和图 7.9 所标记，第一组点($A0$，$A1$，$A2$，$A3$)最终趋近于单层顶层的实线，而第二组点($B0$，$B1$，$B2$，$B3$)最终趋近于单层顶层的虚线。详细的位移和应力分布如图 7.10 所示。

在图 7.10(a)中可以观察到，$A0$～$A3$，中间界面 x_3=0.5 处的位移不连续持续增大(图 7.10(a)中的第一行)，而应力始终保持连续(图 7.10(a)中的第二行)。这种界面处，位移的不连续和应力的连续性符合式(7.18)。进一步可以发现，位移和应力始终集中在上半层。在点 $A3$ 的极限情况下，双层结构的振型退化为单层上层的振型，即下半层的位移和应力完全消失，与此同时，由于单层上层的材料对称性，上半层的位移和应力关于中间线 x_3=0.75 呈对称或反对称。这里点 $A3$ 的振型为弯曲模态，整体分布与 3.3.2 节中图 3.9(a)相似，即 u_3 为主要位移分量，且沿厚度方向保持同一正负号。

在图 7.10(b)中展示了第二组采样点 $B0$，$B1$，$B2$，$B3$ 的振型结果。可以发现图 7.10(b)中的结果与图 7.10 中的相反，即位移应力集中在下半层。在点 $B3$ 的极限情况下，振型为下半层的弯曲模态。

7.7 本章小结

对于具有不完美界面的双层结构，详细研究了完美界面、完全分层以及从完美界面到完全分层的演化过程。对于完美界面的情况，用半解析有限元(SAFE)法验证了本章采用的改进传递矩阵法(DVP 法)的正确性。对于界面完全分层的极端情况，需要从两个方向进行矩阵传递来得到完整的上下单层的结果。对于从完美界面到完全分层的转变，得到了如下演化机制和演化过程：

机制 1：改变界面黏接刚度前后，频散曲线分支保持对应，同时频率降低。

机制 2：改变界面黏接刚度前后，相邻的两个分支断开并互相重新连接。机制 2 也称为不完美界面引起的分支交换。

在现存的文献中，可以发现与机制 1 相类似的结论。但机制 2 是本书新发现的，它最终导致了完美界面双层结构和完全分层的两个单层之间的频散曲线分支不存在一一对应关系。因此，最终观察到了两种演化过程：

过程 1：具有完美界面的双层结构中的一个频散分支完整地变成了单层上层

的一整个频散分支或单层下层的一整个频散分支。

过程 2：具有完美界面的双层结构中的一个频散分支部分地变成了单层上层一个频散分支的一部分，部分地变成了单层下层一个频散分支的一部分。

由机制 1 引起的过程 1 是一种特例，只发生在最低阶的频散曲线分支上，而由机制 1 和机制 2 共同引起的过程 2 是从完美界面到完全分层的主要演化过程。

此外，本书也给出了振型的两种演化方式，即从完美界面双层结构分别演化成单层上层和单层下层的详细过程。

参 考 文 献

[1] Tabiei A, Zhang W. Composite laminate delamination simulation and experiment: A review of recent development. Applied Mechanics Reviews, 2018, 70(3): 030801.

[2] Rokhlin S, Huang W. Ultrasonic wave interaction with a thin anisotropic layer between two anisotropic solids: Exact and asymptotic-boundary-condition methods. Journal of the Acoustical Society of America, 1992, 92(3): 1729-1742.

[3] Lowe M J. Matrix techniques for modeling ultrasonic waves in multilayered media. IEEE Transactions on Ultrasonics, Ferroelectrics, and Frequency Control, 1995, 42(4): 525-542.

[4] Ting T C-T. Anisotropic Elasticity: Theory and Applications. New York: Oxford University Press, 1996.

[5] Pan E. Green's functions for geophysics: A review. Reports on Progress in Physics, 2019, 82(10): 106801.

[6] Liu H, Pan E, Cai Y. General surface loading over layered transversely isotropic pavements with imperfect interfaces. Advances in Engineering Software, 2018, 115: 268-282.

[7] Auld B A. Acoustic Fields and Waves in Solids. Москва: Рипол Классик, 1973.

[8] Zhou Y, Lü C, Chen W. Bulk wave propagation in layered piezomagnetic/piezoelectric plates with initial stresses or interface imperfections. Composite Structures, 2012, 94(9): 2736-2745.

[9] Nie G, Liu J, Fang X, et al. Shear horizontal (SH) waves propagating in piezoelectric–piezomagnetic bilayer system with an imperfect interface. Acta Mechanica, 2012, 223(9): 1999-2009.

附录　算法伪代码

结合图 2.2 中的符号标注，2.2.1 节的伪代码如下所示：

算法：在x从A到B的范围内搜索函数$f(x)$的局部极小模值点

$aw1$:每个区间的起始端点

$bw1$:每个区间的终止端点

$taw1$:区间的步长

$tw1$:离散节点的步长

$sw1$:所求的函数$f(x)$的局部极小模值点（如果存在）

1: **for** $aw1 = A : taw1 : B$ **do**
2: 　$s1 \leftarrow \infty$
3: 　$bw1 \leftarrow aw1 + taw1 + tw1$
4: 　**for** $w1 = aw1 : tw1 : bw1$ **do**
5: 　　$h1 \leftarrow |f(w1)|$
6: 　　**if** $h1 < s1$ **then**
7: 　　　$s1 \leftarrow h1$
8: 　　　$sw1 \leftarrow w1$
9: 　　**end if**
10: 　**end for**
11: 　**if** $sw1 \neq aw1$ **and** $sw1 \neq bw1$ **then**
12: 　　**print** $sw1$
13: 　**end if**
14: **end for**

2.2.2 节的伪代码如下所示：

算法：从这些极小模值点中区分出零点

$sw1$:找到的局部极小模值点

$tw1$:离散节点的步长

$nw1$:所求的零点（如果存在）

```
1: awl ← swl − twl
2: bwl ← swl + twl
3: twl ← twl / 10
4: k ← 1
5: sl ← ∞
6: while k < 16 do
7:    for wl = awl : twl : bwl do
8:        hl ← |f(wl)|
9:        if hl < sl then
10:           sl ← hl
11:           nwl ← wl
12:       end if
13:   end for
14:   awl ← nwl − twl
15:   bwl ← nwl + twl
16:   twl ← twl / 10
17:   sswl[k] ← sl
18:   k ← k + 1
19: end while
20: if sswl[15] * 1e3 < sswl[1] then
21:   print nwl
22: end if
```

结合 2.2.1 节和 2.2.2 节中的算法，可以求解单变量超越方程。

值得注意的是，在 2.2.2 节的伪代码中，第 3 行和第 16 行 $tw1 \leftarrow tw1/10$，以及第 6 行 $k<16$ 并不是最优的计算步长，这种步长适合于快速估计最后的求解精度。例如，当初始 $tw1=1$，初始极小值 $sw1=1$ 时，经过这种步长运算后，最终的 $tw1=10^{-16}$，根 $nw1$ 达到了双精度。优化计算步长可以提高计算速度，设 $tw1 \leftarrow tw1/x$ $(x>1)$，$k<y+1$，那么第 7 行共有 $(2x+1)$ 个 $w1$，因此整个 while 循环中，第 8 行共计运行了 $(2x+1)y$ 次，在计算精度 $(1/x)^y$ 为定值 10^{-T} 的情况下，$y=T\ln 10/\ln x$，此时 $(2x+1)y=T\ln 10(2x+1)/\ln x$。在 $x=3$ 时，$(2x+1)/\ln x$ 取最小值，即 $(2x+1)y$ 取最小值。当 T 取 16 时，可得 y 取 33，即保持相似的求解精度，最快的计算步长为 $tw1 \leftarrow tw1/3$，$k<34$，此时第 8 行运行了 $7\times33=231$ 次，而 $tw1 \leftarrow tw1/10$，$k<16$ 时，第 8 行运行了 $21\times15=315$ 次，运算速度较慢。

2.3.1 节的伪代码与 2.2.1 节和 2.2.2 节相同，只需在 2.2.1 节中的算法前增加一个对于波数 k 的 for 循环即可，因此这里不再重复叙述。

2.3.2 节的伪代码同样包含两部分 Part A、Part B，即寻找函数模的局部极小值点和从局部极小值点中区分出零点，具体如下：

算法：求解复波数域频散方程

A部分：在x_i从Ax_i到Bx_i的范围内搜索局部极小模值点

$ary1$和$aiy1$: 每个区间的起始端点

$bry1$和$biy1$: 每个区间的终止端点

$try1$: ry方向上离散节点的步长，如图2.6中的t

$tiy1$: iy方向上离散节点的步长，如图2.6中的s

$tw1$: $w1$的步长

$sry1, siy1$和$w1$: 当$w = w1$时，所求的$f(w, ry, iy)$的局部极小模值点（如果存在）

1: **for** $w1 = Aw1 : tw1 : Bw1$ **do**
2: **for** $aiy1 = Aiy1 : 3*tiy1 : Biy1$ **do**
3: **for** $ary1 = Ary1 : 3*try1 : Bry1$ **do**
4: $biy1 \leftarrow aiy1 + 4*tiy1$
5: $bry1 \leftarrow ary1 + 4*try1$
6: $s1 \leftarrow \infty$
7: **for** $iy1 = aiy1 : tiy1 : biy1$ **do**
8: **for** $ry1 = ary1 : try1 : bry1$ **do**
9: $y1 \leftarrow ry1 + iy1 * 1i$
10: $h1 \leftarrow |f(w1, y1)|$
11: **if** $h1 < s1$ **then**
12: $s1 \leftarrow h1$
13: $sry1 \leftarrow ry1$
14: $siy1 \leftarrow iy1$
15: **end if**
16: **end for**
17: **end for**
18: **if** $sry1 \neq ary1$ **and** $sry1 \neq bry1$ **and** $siy1 \neq aiy1$ **and** $siy1 \neq biy1$ **then**
19: **print** $sry1$ **and** $siy1$ **and** $w1$
20: **end if**
21: **end for**
22: **end for**
23: **end for**

算法：求解复波数域频散方程

B部分：从这些极小模值点中区分出零点

$try1$: ry方向上离散节点的步长，如图2.6中的t

$tiy1$: iy方向上离散节点的步长，如图2.6中的s

$sry1, siy1$和$w1$: 当$w = w1$时，找到的$f(w, ry, iy)$的局部极小模值点

$nry1, niy1$和$w1$: 当$w = w1$时，所求的$f(w, ry, iy)$的零点（如果存在）

```
 1: ary1 ← sry1 − try1
 2: bry1 ← sry1 + try1
 3: aiy1 ← siy1 − tiy1
 4: biy1 ← siy1 + tiy1
 5: try1 ← try1 / 4
 6: tiy1 ← tiy1 / 4
 7: k ← 1
 8: s1 ← ∞
 9: while k < 16 do
10:   for iy1 = aiy1 : tiy1 : biy1 do
11:     for ry1 = ary1 : try1 : bry1 do
12:       y1 ← ry1 + iy1 * 1i
13:       h1 ← |f(w1, y1)|
14:       if h1 < s1 then
15:         s1 ← h1
16:         nry1 ← ry1
17:         niy1 ← iy1
18:       end if
19:     end for
20:   end for
21:   ary1 ← nry1 − try1
22:   bry1 ← nry1 + try1
23:   aiy1 ← niy1 − tiy1
24:   biy1 ← niy1 + tiy1
25:   try1 ← try1 / 4
26:   tiy1 ← tiy1 / 4
```

```
27:     sswl[k] ← s1
28:     k ← k + 1
29: end while
30: if sswl[15] * 1e3 < sswl[1] then
31:     print nry1 and niy1
32: end if
```

当用算法 A 找到一个函数局部极小值点时，调用算法 B 即可进一步判断该点是否为零点。如前述 2.2.2 节中算法的步长优化，采用相似的思路，可以进一步优化算法 B 的计算步长，这里不再赘述。